TRAITÉ

D'ARPENTAGE PRATIQUE

A LA BOUSSOLE,

RENFERMANT LES MÉTHODES A EMPLOYER TANT SUR LE
TERRAIN QUE DANS LE CABINET POUR L'ÉVALUATION
DES SURFACES ET COMPRENANT LA TRIGONOMÉTRIE
ET LA TRIANGULATION,

TERMINÉ PAR

UN TRAITÉ DE NIVELLEMENTS.

PAR

V. GENCE,

aux Forges de Belfort,

HAUT-RHIN.

BELFORT,

TYPOGRAPHIE DE J.-B. CLERC.

—

1852.

L'OMNIMÈTRE,

Instrument servant au mesurage des arbres
sur pied.

Cet instrument, inventé par l'auteur du traité ci-contre, possède tous les avantages possibles pour le mesurage des arbres sur pied : célérité, exactitude et simplicité. C'est un demi-cercle en cuivre de 20 centimètres de diamètre.

Les hauteurs sont indiquées en mètres sur ce demi-cercle qui se trouve placé verticalement, le diamètre en dessus, quand il est en station ; ces hauteurs sont en regard de la pointe de l'aiguille *E A* qui reste verticale quelle que soit l'inclinaison que l'on donne à l'instrument.

Pour établir les divisions indiquant les hauteurs (fig. 1), on a adopté la base de 10 mètres : il faut donc être placé à cette distance de l'arbre pour en déterminer la hauteur. Mais il arrive souvent que les brins de taillis où l'on opère, ne permettent pas de se servir d'une base constante, dans des cas semblables, on prend une distance à volonté, mais les résultats devront varier dans la même proportion, en faisant l'analyse suivante : *La base constante ou 10 : la base employée : : le résultat obtenu : résultat vrai.*

La fig. 2 sert au mesurage des circonférences : cette partie de l'instrument est adaptée sur la fig. 1, de manière à se trouver dans un plan horizontal, tandis que cette dernière reste verticale. La pinule *a* est fixe, et la pinule *b* s'écarte à volonté, afin d'embrasser le diamètre de l'arbre. Les divisions 1, 2, 3, etc, servent à recourir au tarif établi pour avoir les circonférences. On n'a pu obtenir les circonférences directement au moyen de l'instrument, par la raison qu'à chaque nouvelle hauteur où l'on prend ces circonférences, c'est une nouvelle base partant de ce point pour arriver à l'instrument. Plus les circonférences sont mesurées à des points élevés, plus ces nouvelles bases sont grandes : aussi le tarif construit à cet effet, donne-t-il les circonférences plus fortes à mesure qu'elles s'élèvent, quoique l'angle sous lequel elles soient observées soit le même.

Mais la perte de temps employé à recourir au tarif est compensée par l'avantage de trouver sur ce tarif, à côté de chaque circonférence, le cube de l'arbre au 1/5ᵉ réduit.

Prix de l'instrument chez l'Inventeur :

L'instrument donnant les hauteurs et les circonférences,   25 fr.

L'instruction comprenant les tarifs,   2

La boîte renfermant l'Instrument pour ceux qui désireront l'avoir. (Cette boîte est plaquée en noyer et bien soignée),   5

L'Instrument donnant les hauteurs seulement, y compris une petite instruction ,   13

(Le dessin de l'Omnimètre se trouve à la fin de ce volume et collé à la couverture.)

TRAITÉ

D'ARPENTAGE PRATIQUE

A LA BOUSSOLE.

TYPOGRAPHIE DE J.-B. CLERC, A BELFORT.

TRAITÉ

D'ARPENTAGE PRATIQUE

A LA BOUSSOLE,

RENFERMANT LES MÉTHODES A EMPLOYER TANT SUR LE
TERRAIN QUE DANS LE CABINET POUR L'ÉVALUATION
DES SURFACES, ET COMPRENANT LA TRIGONOMÉTRIE
ET LA TRIANGULATION,

TERMINÉ PAR

UN TRAITÉ DE NIVELLEMENTS.

PAR

V. GENCE,

aux Forges de Belfort,

HAUT-RHIN.

———

BELFORT,
TYPOGRAPHIE DE J.-B. CLERC.
—
1852.

AVANT-PROPOS.

Quoi qu'il existe beaucoup d'ouvrages traitant du levé des plans, il reste encore beaucoup à dire sur la manière d'employer la Boussole, afin d'en obtenir de bons résultats. Parmi ceux qui se servent de cet instrument, il en est qui n'en ont pas fait l'étude mécanique, et qui sont, par conséquent, bien loin d'avoir approfondi les résultats théoriques que l'on peut en tirer.

Cet instrument est très-répandu parmi les géomètres, principalement parmi ceux qui s'occupent de l'arpentage des forêts : en effet, quoi de plus portatif et de plus commode que la Boussole ? Les stations sont faciles à établir ; et pour établir la direction de la ligne suivante, on n'a pas besoin de s'occuper de celle qui précède, ce qui est un avantage d'autant plus grand que les stations sont plus multipliées, et dans des lieux plus accidentés. Le Graphomètre ou la planchette rencontrerait bien des difficultés pour le levé des plans dans des forêts situées ainsi. Entre ces deux Instruments, la Planchette munie d'un Déclinatoire aurait la préférence : le Graphomètre ne donnerait que des résultats bien défectueux, avec une multitude de stations, sans pouvoir établir de points de repère.

Persuadé que la méthode que je vais développer sera utile à la plupart d'entre ceux qui se servent de la Boussole, je vais en exposer l'usage le plus clairement possible, ainsi que la manière de prendre les notes sur le terrain, et le moyen de bien rapporter.

Pour que tous puissent me comprendre, je présenterai mes résultats en chiffres et non en formules algébriques. Je conduirai le lecteur sur le terrain, où il pourra m'accompagner dans tous les détails du levé d'un plan.

Cet ouvrage est purement pratique : je ne rapporte pas la plupart des règles de Géométrie d'où dérivent les problèmes qui en résultent, je laisse ce soin aux lecteurs.

Quelques-uns regardent les opérations d'arpentage à la Boussole comme défectueuses, et disent que loin de se donner la peine de vouloir calculer les angles et les lignes pour rapporter leur travail, il est bien suffisant d'effectuer graphiquement le rapport des plans levés avec cet instrument; que ce serait vouloir établir une charpente solide sur de mauvaises fondations, en voulant donner à l'opération un caractère qu'elle ne mérite pas.

Voici ce que nous répondrons à ceux qui seraient de cet avis : avec une bonne Boussole, et un *opérateur éclairé et consciencieux*, on obtiendra d'aussi bons résultats, pour ne pas dire meilleurs, qu'avec quel autre instrument que ce soit. Que quant au rapport par le calcul, qu'ils comparent à *une bonne charpente sur de mauvaises fondations*, nous répondrons que nous n'admettons pas que les fondations soient mauvaises, mais le fussent-elles, nous soutiendrons que l'édifice aura plus de durée si la charpente est bonne et bien liée dans toutes ses parties.

CHAPITRE I.

DE LA BOUSSOLE ET DES LIGNES.

1. De la Boussole.

Une boussole bien faite doit être munie de deux
niveaux placés perpendiculairement l'un à l'autre ; et
l'un d'eux parallèle à la lunette de l'instrument, afin
de le pouvoir placer dans un plan horizontal, condition sans laquelle aucun des angles qu'il présentera
ne sera exactement juste, surtout dans les endroits où
le sol est incliné. La lunette devra jouer aussi dans
un plan parfaitement perpendiculaire à la surface du
cercle. Ce cercle est divisé en 360 parties égales ap-
pelées degrés ; chaque degré comprend 60 minutes ;
comme les cercles sont trop petits pour pouvoir diviser un degré en 60, on divise celui-ci ordinairement
en deux, quelquefois en quatre. L'aiguille de la boussole doit être bien au centre du cercle, et ses deux
pointes doivent correspondre aux degrés opposés.
Cette aiguille a une pointe bleue, celle qui fixe le nord,
et une pointe blanche, celle qui regarde le sud. C'est
à partir de l'aiguille bleue que l'on compte les degrés.

La boussole remplissant les conditions que l'on
vient de dire, peut servir à faire des plans très-justes,

même d'une grande étendue. Comme il arrive souvent que les deux pointes de l'aiguille ne correspondent pas, il faut alors prendre la moyenne des deux angles que présentent les deux pointes. Quelques-uns se contentent de lire seulement l'angle présenté par l'une des pointes dans toute l'opération, mais ce moyen ne présente pas autant de garantie que le premier.

Beaucoup de géomètres se servent d'un bâton qu'ils fichent en terre, et placent leur boussole dessus : ce moyen est mauvais en ce que l'instrument n'a pas la solidité voulue pour l'établir de niveau, car si l'on veut faire le plan d'une grande étendue de terrain, il faut prendre toutes les précautions possibles. Le bâton en question peut suffire dans de petites opérations de quelques hectares. Mais quand on veut donner une grande exactitude au travail, il faut avoir un trépied, afin de pouvoir consolider l'instrument. La boussole doit aussi être montée sur un système ayant des vis de rappel, pour la mieux placer de niveau.

Les boussoles ordinaires ne donnent les angles qu'à environ *quinze minutes près*. Une boussole dont le diamètre du cercle est de vingt centimètres intérieurement, et les degrés divisés en quatre, donne les angles sensiblement de 5 en 5 minutes (en se servant d'une loupe), ce qui présente une assez grande précision dans toutes les opérations de ce genre. Mais pour éviter que le cadre de la boussole soit trop grand, on le fait en cuivre, en mettant du bois seulement dans les vides.

Avec une boussole de grandeur ordinaire, et même

en se servant d'un bâton au lieu de trépied, on parvient à faire de bons plans, même d'une assez grande
étendue, quand l'opération a lieu en plaine; mais si
l'opérateur travaille en montagne il ne parvient jamais
à fermer son plan sous de bonnes conditions; il se ré-
crie contre sa boussole, contre les mines que la montagne renferme probablement etc. Il ne doit pourtant
s'en prendre qu'à sa mauvaise manière d'opérer : si
sa boussole n'est pas de niveau, surtout dans le sens
perpendiculaire à la lunette, il y aura erreur dans la
déclinaison de l'aiguille. On peut s'assurer de cela en
plaçant la boussole en face d'un objet bien vertical tel
que l'angle d'un bâtiment, puis dérangeant le niveau de
l'instrument, on observera l'angle présenté en visant
le bas de l'objet dont on visera ensuite le haut, pour
obtenir une déclinaison qui différera de la première,
ce qui ne serait pas arrivé si la boussole eût été de
niveau.

2. Déviation de l'Aiguille aimantée.

Voici à peu près ce que dit l'encyclopédie moderne :
« Les extrémités de l'aiguille se dirigent vers les deux
pôles du globe terrestre. Cette aiguille est toujours sou-
mise à l'action magnétique en quelque lieu qu'elle soit
placée, dans les profondeurs de la terre comme sur
les plus hautes montagnes, sa direction est invariable.

Son action constante est détournée à l'approche du fer, de l'acier, du nickel, du cobalt, du manganèse, et même de quelques mines de fer. Elle en est encore détournée dans le moment où certains phénomènes se développent, tels que les tremblements de terre, les volcans, les orages et surtout les aurores boréales. A cela près, ses indications sont toujours sûres, et ses deux extrémités regardent constamment les pôles de la terre.

« L'aiguille ne se dirige pas d'une manière absolue vers le nord, et cette direction éprouve des variations. En France, par exemple, elle déclina d'abord vers l'est d'environ 12 °; ensuite elle se rapprocha du pôle, et, en 1664, la déclinaison était nulle; depuis cette époque elle a marché vers l'ouest, et est parvenue à environ 22 °; dans d'autres lieux, cette déclinaison est plus ou moins considérable. La plus forte qu'on ait observée était de 43 ° 45 ″. On trouve deux grands cercles ou contours de la terre, où cette déclinaison est maintenant nulle, mais ces contours ne sont pas réguliers : ils font plusieurs inflexions et changent souvent de position et de figure. Cependant comme tous les changements de déclinaison s'opèrent très-lentement, et que l'on a soin d'insérer dans la connaissance des temps et les almanachs, la déclinaison annuelle, la boussole ne perd rien de son utilité.

« Indépendamment de la déclinaison dont on vient de parler, la boussole est en outre assujettie à une petite déclinaison diurne que l'on pense être occasionnée par l'action magnétique des astres sur l'aiguille. Vers huit heures du matin, on s'aperçoit qu'elle se met en mouvement; son action devient plus sensible entre midi et trois heures; le soir elle est stationnaire, et pendant la nuit, elle revient au point d'où elle était partie. Cette déclinaison ne dépasse guère dix minutes, excepté dans le cours des trois à quatre mois qui suivent l'équinoxe du printemps où elle parvient à environ 16 minutes. »

Voici les observations que l'auteur a faites à ce sujet : A huit heures du matin l'aiguille se maintient dans sa position normale, et n'éprouve encore aucune influence d'attraction étrangère; ce n'est qu'à neuf heures ou neuf heures moins un quart, que l'on remarque une petite déviation qui augmente à peu près d'une manière régulière jusqu'à une heure après-midi, heure à laquelle son maximum est ordinairement atteint; l'aiguille conserve cette position jusqu'à deux heures et demie, et se rapproche ensuite et d'une manière insensible, de sa position naturelle. Quelquefois, à dix heures ou minuit, elle a repris sa position vraie, mais souvent cette position ne se rétablit entièrement que le matin. A six heures du matin la position naturelle de l'aiguille est rétablie, mais vers les six heures et demie ou six heures trois quarts, elle change de position assez brusquement pour se diriger à l'est; cette déviation opposée atteint ordinairement cinq minutes, et dure jusqu'à l'approche de huit heures.

Cette variation diurne n'est pas régulière et peut différer d'un jour à l'autre de cinq minutes en plus, mais cette augmentation de détournement n'a lieu que rarement : c'est pourquoi on peut établir une moyenne de déviation pour toutes les heures de la journée.

Tableau présentant les variations de l'Aiguille aimantée pour chaque heure de la journée.

Matin			Ouest.	Soir			Ouest.
Matin	8 h »	0°00'		Soir	3h1/2	0°08'	
	8 3/4	0 01			4 »	0 08	
	9 »	0 01			4 1/2	0 07	
	9 1/2	0 03			5 »	0 07	
	10 »	0 04			5 1/2	8 06	
	10 1/2	0 05			6 »	0 06	
	11 »	0 06			6 1/2	0 06	
	11 1/2	0 07			7 »	0 06	
	Midi	0 08			7 1/2	0 05	
Soir	1/2	0 09			8 »	0 05	
	1 »	0 10			8 1/2	0 04	
	1 1/2	0 10			9 »	0 04	
	2 »	0 10			9 1/2	0 03	
	2 1/2	0 10			10 »	0 02	
	3 »	0 09			Minuit	0 00	

Ces déviations influent bien peu sur le levé des plans, cependant il ne tient qu'à l'opérateur d'en tenir compte s'il le juge convenable. Dans ce cas il ajoutera aux angles que l'aiguille bleue lui indiquera, les variations indiquées ci-haut, en examinant l'heure à laquelle il opère. S'il prenait les angles ramenés aux quatre

points cardinaux, au lieu de prendre les indications
du cercle entier il ajouterait les variations aux angles
N O et *S E,* et les retrancherait aux angles *N E* et *S O.*

**3. Manière de corriger les différences produites
sur les angles par l'influence des minéraux.**

Les mines de fer, en France, n'ont aucun pouvoir
sur l'aiguille aimantée. Mais si l'on se trouvait à opérer où ces mines ont de l'influence, ou bien près des
masses considérables de fer, voici comme on procéde-
rait pour corriger l'erreur présentée par l'aiguille :
partant d'une station pour arriver à une autre, on a
observé l'angle de la ligne ; arrivé à la seconde station, on vise celle que l'on vient de quitter afin de voir
si l'on obtient le même angle, ce qui s'appelle prendre l'angle par *retournement.*

Quand on tient à opérer exactement et à éviter les
erreurs qui font revenir sur le terrain, on prend toujours les angles par retournement, c'est-à-dire qu'on
vise toujours deux fois la même station ; savoir : on
la vise de celle qui précède et de celle qui suit. Les
angles pris par retournement sont égaux aux angles
pris directement, *mais en observant l'indication four-
nie par l'aiguille blanche au lieu de la bleue,* autrement il y aurait une différence de 180 ° ; s'il y a une
légère différence, on en prend la moyenne, mais si

elle est grande on a commis une erreur, ou bien il y a
un sujet d'attraction étrangère, alors on procède
comme nous allons indiquer :

Arrivé à la seconde station on vise celle que l'on vient
de quitter, et si l'on trouve une différence de déclinaison, on en prend note afin de la faire subir à la ligne
suivante ; l'angle de cette dernière ligne étant pris par
retournement, on reconnaît que l'influence existe toujours si on obtient le même degré qu'à son origine,
mais si l'on obtient un angle égal à ce dernier, moins
la correction qu'on y a faite, cela prouve que l'influence n'existe plus.

Exemple : Nous partons d'un point où nous sommes
sûrs qu'il n'existe aucune attraction étrangère ; de ce
point que nous coterons Nº 1, nous viserons le Nº 2,
et nous trouvons une déclinaison de...... 102° »

Arrivé au Nº 2 nous visons par retournement le
Nº 1 et nous obtenons 104° » ou 2° en trop. Il est
clair que si l'attraction nous fournit 2° » en trop en visant de Nº 2 à Nº 1, elle nous fournira également 2° »
en trop de Nº 2 à Nº 3 ; visant dans cette dernière direction, nous trouvons 205° » dont il faut ôter les 2° »
que nous savons être en trop, et il nous reste pour la
déclinaison de Nº 2 à Nº 3, ci............. 205° »

Arrivé au point Nº 3, nous visons le point Nº 2,
et nous obtenons 206°, c'est-à-dire 1° de plus qu'à
l'origine de la ligne, ce qui fera 3° » à tenir compte,
pour être retranchés de la déclinaison de la ligne suivante Nº 3 à 4 que nous trouvons être 185°, desquels
nous ôtons 3°, reste pour la ligne de Nº 3 à Nº 4,
ci... 182° »

De N° 4 nous prenons l'angle par retournement et nous observons 180° » c'est-à-dire 5 ° » de moins qu'à l'origine de la ligne, c'est donc 5 ° » moins 3 ° » que nous avions en trop au départ de cette ligne qu'il faudra ajouter à la déclinaison de la ligne suivante, N° 4 à N° 5, que nous trouvons être de 170 ° » ; ajoutant 5 moins 3 à ce nombre, nous aurons pour la déclinaison de la ligne N° 4 à N° 5, ci . . . . 172 ° »

Parvenu à la station N° 5 nous opérons par retournement et nous observons la déclinaison 172 ° ». Comme cette dernière déclinaison est égale à celle que doit avoir la ligne après correction faite, l'influence magnétique est éteinte à ce point.

4. De la distance nécessaire pour que l'aiguille aimantée ne soit pas détournée par l'acier et le fer.

M. Bouvard, arpenteur forestier, a fait plusieurs expériences à ce sujet : le tout se résume à dire qu'une masse de fer ou d'acier d'un kilogramme, placée à un mètre de l'aiguille, ne produit sur elle aucun effet. Il est donc inutile de faire retirer à une trop grande distance, les chaînes en fer et les autres instruments de même métal.

5. Écarts produits à l'extrémité des lignes par les erreurs sur les angles.

Supposons une ligne *A B*. Fig. 1, de mille mètres, et faisons l'erreur produite à son point de départ *A*, successivement de 0 ° 05 ′, de 0 ° 10 ′ etc., voyons à quelles distances du point *B*, tomberont les lignes dont les angles de direction sont faux. En partant de *A* pour arriver en *B*, avec un angle faux, on se trouve arriver en *C* ou *C* ′. Les écarts *B C* ou *B C* ′ sont de :

1ᵐ	45	pour	0 ° 05 ′	17ᵐ	45	pour	1 ° 00 ′
2	91		0 10	26	18		1 30
5	82		0 20	34	90		2 00
8	73		0 30	52	35		3 00
11	64		0 40	69	80		4 00
14	54		0 50	87	24		5 00

Des lignes 10 ou 100 fois plus courtes, donnent des écarts 10 ou 100 fois plus petits.

Il faut remarquer qu'avec une boussole bien établie et dont les degrés sont divisés en 4, on se trompe rarement de plus de 5 minutes, et si on y ajoute encore 5 minutes pour toute autre cause, on aura un maximum d'erreur de 10 minutes, encore pourrait-il arriver que les deux erreurs se détruisissent, en ayant lieu chacune dans un sens. Mais en admettant une erreur de dix minutes, l'écart sera de 0 m 29 sur une ligne de 100 mètres.

6. De la longueur des lignes à employer.

Quand les sinuosités du périmètre à lever sont trop multipliées, on ne stationne pas à chacune d'elles, si cela est possible, mais on établit au dedans ou au dehors des droites dites *lignes de construction*, à partir desquelles on élève des perpendiculaires à droite ou à gauche sur les sommets du périmètre. Les lignes à employer ne doivent être ni trop courtes ni trop longues : trop courtes les erreurs peuvent s'accumuler en les rapportant avec l'échelle et le compas, sans préjudice des erreurs faites sur les angles avec le rapporteur; trop longues, on a à craindre l'erreur des angles pris avec l'instrument sur le terrain, erreur qui pourrait s'ajouter à une erreur commise avec le rapporteur, en construisant le plan.

Pour mieux apprécier les erreurs résultant des angles, combinées avec la longueur des lignes, voyons quel est le maximum d'erreur fait sur les angles que l'on prend avec une boussole, dont les degrés sont divisés par 15 minutes. Nous l'avons déja dit, il est rare de commettre une erreur plus forte que 5 minutes; (et comme l'erreur peut être en plus ou en moins, cela donne une latitude de 10 minutes) : ce sera donc le maximum que nous adopterons. Si nous ajoutons, pour le maximum de l'erreur que l'on peut commettre sur la variation diurne de l'aiguille, encore 5 minutes, nous arrivons à un maximum de 10 minutes. Or, une erreur de cette importance, conduirait à écarter un point de sa véritable position de 0 m 73 sur une ligne de 250 mètres. Nous conseillons de ne pas employer de lignes plus longues, encore vaudrait-il peut-être mieux les couper en deux ou trois. Dans tous les cas, si l'on est contraint d'employer des lignes dépassant les limites, il est très-utile de prendre l'angle de déclinaison aux deux extrémités de cette ligne, et si les deux angles ne concordent pas, en prendre la moyenne. Nous engageons donc de fractionner les lignes trop longues en procédant ainsi : faire des stations tous les 100, 150 ou 200 mètres, en ayant soin d'établir ces stations tantôt un peu à droite tantôt un peu à gauche de la grande ligne droite. On peut obtenir, par ce moyen, une déclinaison de cette ligne beaucoup plus régulière, ainsi que sa vraie longueur que l'on déduira par le calcul démontré au N° 35.

7. Des lignes courtes.

Nous avons dit tout à l'heure (N° 6.) que les lignes courtes n'étaient pas propres au rapport graphique, mais elles sont bien préférables aux grandes lignes dans le rapport des plans par le calcul : en effet, les erreurs que l'on peut commettre en prenant les angles sur l'instrument, ne portant que sur une courte distance, n'entraînent pas d'écarts sensibles. Mais dans ce dernier cas, il faut avoir soin de chaîner bien exactement ces petites lignes, et de ne pas négliger les petites fractions qui, toutes, se retrouvent par le calcul, tandis qu'elles seraient insignifiantes dans le rapport graphique.

8. Du mesurage des lignes.

Il faut avoir soin de vérifier de temps à autre les chaînes que l'on emploie; ces chaînes qui ont ordinairement 10 mètres, doivent avoir un centimètre en plus, pour compenser les sinuosités qu'elles prennent ordinairement dans le cours du mesurage. Les chaînes rubans ou ressorts d'acier, sont préférables aux autres : elles se tendent mieux dans le mesurage des pentes où l'on tient la chaîne horizontalement, et de plus, elles ne sont pas susceptibles de s'allonger.

Pour plus de régularité, on fera bien de jalonner les lignes, afin d'éviter de s'en écarter en les mesurant. Au premier aperçu on croirait qu'il est très-facile de jalonner une ligne; ceci est vrai si le terrain est uniforme; mais cette opération est très-difficile quand on a besoin de tracer une grande ligne droite dans des terrains accidentés, ayant à traverser des ravins et des côteaux. On n'excelle dans ce travail qu'après s'être bien exercé au tracé de ces sortes de lignes.

Toutes les lignes qui forment le périmètre d'un plan, ainsi que toutes celles qui peuvent être tracées à l'intérieur, doivent être réduites à l'horizon. Les lignes doivent donc être mesurées horizontalement, et non dans le sens des pentes. Lorsqu'on mesure une ligne inclinée, on doit toujours commencer par le haut de la pente, tendre la chaîne horizontalement, et laisser tomber à son extrémité une fiche plombée, afin d'obtenir la longueur horizontale. Si les pentes que l'on mesure sont trop fortes, et que celui qui se trouve du côté du bas ne puisse pas lever assez le bout de la chaîne, on mesure par demi-chaîne ou 5 mètres. Si l'on tenait à avoir une grande précision dans le mesurage d'une ligne, comme on doit le faire pour une base sur laquelle repose la détermination rigoureuse d'un ou de plusieurs points, il faudrait avoir une règle que l'on placerait horizontalement au moyen d'un niveau, et à l'extrémité de laquelle on laisserait tomber une fiche plombée, ou bien un fil à-plomb. Le défaut de ceux qui n'en ont pas l'habitude, est de ne pas lever assez le bout de la chaîne dans les pentes ; ils croient toujours qu'ils vont dépasser le niveau, tandis qu'ils en sont encore loin. Pour s'habituer (et ce défaut a ordinairement lieu dans les fortes pentes), on prend une règle de 5 mètres sur laquelle on fixe un niveau, puis on s'exerce sur diverses pentes.

En général les angles ont beau être bien pris, si le chaînage est défectueux, le plan ne vaudra rien, et sera même plus irrégulier que si c'était par les angles qu'il fût en défaut.

9. Différence produite sur le chaînage lorsqu'on ne tient pas la chaîne horizontalement.

Examinons qu'elles sont les différences qui surviennent lorsqu'on ne mesure pas horizontalement. Soit la ligne $A\,C$ (Fig. 2) supposée être la chaîne tendue horizontalement; on lui suppose 10 mètres; la fiche partant de C, devra tomber sur le terrain en B; mais si le point C n'est pas assez élevé, la fiche partira de l'un des points c, c' etc., pour tomber sur les points b, b' etc., et par conséquent on obtiendra une ligne trop courte, et les 10 mètres deviendront :

pour	0^m 20	au-dessous	9^m 998	pour 0^m 90	au-dessous	9^m 959
	0. 30	de l'horizon	9. 996	1. 00	de l'horizon	9. 950
	0. 40		9. 992	1. 20		9. 928
	0. 50		9. 987	1. 40		9. 901
	0. 60		9. 982	1. 60		9. 873
	0. 70		9. 975	1. 80		9. 837
	0. 80		9. 968	2. 00		9. 798

Ce tableau fait voir que l'on cote des lignes plus longues qu'elles sont réellement : ainsi ayant mesuré une ligne de 100 mètres , et à chaque portée la chaîne ayant un de ses bouts placé à 1 mètre au-dessous de l'autre, on se trouve n'avoir réellement que 99 m. 50 pour vraie longueur de cette ligne.

On doit porter une grande attention à la manière de planter les fiches : elles doivent être plantées perpendiculairement à l'horizon, non au sol ; quand aucun obstacle ne s'y oppose et que c'est un terrain de niveau, on doit tenir les deux extrémités de la chaîne sur le terrain. Quand le porte-chaîne de derrière ne peut remplir cette condition, il est obligé d'élever le bout de la chaîne le long de la fiche ; il doit alors avoir soin de ne pas se laisser forcer la main par la tension de la chaîne, car il donnerait une longueur trop forte aux 10 mètres ; il ne faut pas non plus, en voulant résister à cette tension, faire pencher la fiche en arrière, crainte de tomber dans le défaut contraire.

16. Mesurage des lignes suivant les pentes.

Quand on a des pentes assez régulières on mesure avantageusement les lignes suivant ces pentes, en prenant l'angle d'inclinaison au moyen d'un demi-cercle ou rapporteur en cuivre appelé *éclimètre*, adapté à la lunette ou à la boussole. Le plus commode pour les opérations de ce genre, c'est d'avoir l'éclimètre adapté à la lunette, le diamètre en haut, et de compter les angles au moyen d'un fil à-plomb partant du centre de l'éclimètre, et marquant zéro quand la lunette est de niveau.

Quand on mesure de la sorte, il faut avoir soin de planter les fiches à l'extrémité de la chaîne perpendiculairement au terrain, ou plutôt à la ligne de pente, car si l'on doit hausser ou baisser quelquefois l'un des

— 27 —

bouls de la chaîne, à cause des anfractuosités du terrain, on doit le faire dans un sens perpendiculaire à la
pente.

Voici un tableau donnant la longueur de cent mètres réduits à l'horizon, pour tous les angles jusqu'à 60
degrés. Quand on aura des demi-degrés on prendra
la moyenne entre la valeur du degré précédent et celle
du suivant.

°	'	°	'	°	'	°	'	°	'	°	'
1	99.98	11	98.16	21	93.56	31	85.72	41	75.47	51	62.93
2	99.94	12	97.81	22	92.72	32	84.80	42	74.51	52	61.57
3	99.86	13	97.44	23	92.05	33	83.87	43	73.14	53	60.48
4	99.76	14	97.02	24	91.55	34	82.90	44	71.93	54	58.18
5	99.62	15	96.59	25	90.65	35	81.92	45	70.71	55	57.36
6	99.45	16	96.15	26	89.88	36	80.90	46	69.47	56	55.92
7	99.25	17	95.63	27	89.40	37	79.86	47	68.20	57	54.46
8	99.03	18	95.11	28	88.29	38	78 80	48	66.91	58	52.99
9	98.77	19	94.55	29	87.46	39	77.71	49	65.61	59	51 50
10	98.48	20	93 97	30	86.60	40	76.60	50	64.28	60	50.00

Ces longueurs réduites à l'horizon, ont été calculées
en ajoutant le cosinus de l'angle de pente au logarithme de la longueur mesurée sur le terrain, retranchant 10 à la caractéristique, le reste représente le logarithme de la longueur horizontale.

CHAPITRE II.

MANIÈRE DE PRENDRE LES NOTES SUR LE TERRAIN.

11. Explications préliminaires.

Bien prendre les notes sur le terrain est d'un si grand avantage pour le rapport et la justesse du plan, qu'on ne peut assez le recommander. Il est des méthodes qui font les croquis si diffus, qu'il est impossible quelquefois de s'y reconnaître ; et ce n'est qu'en rapportant immédiatement ces notes, qu'on peut les déchiffer. Il serait pourtant bon de conserver ces croquis, et de pouvoir les rapporter plus tard s'il y avait lieu.

En raison de la multitude des détails à rapporter sur le plan, ceux qui construisent une figure approximative et à l'œil, du terrain entier qu'ils ont à mesurer, se trouvent quelquefois serrés et ne peuvent inscrire tous les détails qu'avec une confusion extrême.

La marche à suivre pour prendre les notes sur le terrain, doit être *claire*, *précise et d'une étendue à volonté*, afin de pouvoir tout classer à sa place et d'une manière nette et intelligible.

On numérotera toutes les stations, ces numéros seront entre ( ) afin de ne pas les confondre avec les autres chiffres du croquis. On fera bien de planter des petits piquets à l'endroit même de chaque station, afin de mieux retrouver leur place s'il fallait retourner sur le terrain pour rechercher une erreur, ou bien pour tout autre travail complémentaire. Cette mesure est utile surtout dans les levés de grands périmètres.

Comme d'une station à une autre, il y a souvent des perpendiculaires à prendre, ou d'autres lignes à établir, à partir de l'origine de ces perpendiculaires ou de ces autres lignes, on cotera chaque distance à laquelle partent ces lignes. Ces distances seront comptées, à partir de chaque station, en allant dans le sens du cheminement, et les chiffres qui désigneront ces distances seront renversés perpendiculairement à la ligne de construction et précédés de la lettre *à* (ce qui veut dire : à telle distance.) Ces distances seront cotées près des lignes de construction, et du côté opposé à la perpendiculaire ou à toute autre ligne que l'on veut établir. Mais quand les détails seront trop multipliés, et qu'il y aura des perpendiculaires à droite et à gauche de la ligne de construction, on placera ces chiffres en dehors, du même côté et vis-à-vis les perpendiculaires ou autres points auxquels ils se rapportent.

Nous suivrons en même temps les deux méthodes de prendre les angles : l'une en rapportant ces angles aux quatre points cardinaux ; l'autre, en notant simplement les indications présentées par l'aiguille bleue.

Nous partons d'un point quelconque du périmètre pour en faire la circonscription ; nous cotons ce point de départ(1) ; la ligne joignant la première à la seconde station étant tracée, on place la boussole à la station 1

de manière que la lunette se trouve dans la ligne ;
on met l'instrument de niveau, après quoi on vise le
point 2 et quand l'aiguille est arrêtée, on lit l'angle
que présente sa pointe bleue.

12. Application au levé d'un Plan.

La direction de notre première ligne 1 à 2 (Fig. 3.),
nous est donnée par $44^\circ 50' NE$, ou bien par 315°
$50'$ du cercle entier. On dispose les chiffres comme
on le voit à la figure mentionnée en faisant précéder
d'une flèche les degrés du cercle entier, afin de ne pas
les confondre avec les autres chiffres, et en même temps
indiquer le sens de la visée. On fait un point à l'intersection de la flèche indicative des degrés, comptés aux
quatre points cardinaux, afin de savoir à quelle ligne
appartient cette flèche, en cas que d'autres lignes ne la
traversent. On commence ensuite le chaînage de la
ligne : à 61 mètres on rencontre un ruisseau que l'on
quitte à 63 mètres. On continue sans interruption le
mesurage de la ligne, car si, à chaque point que l'on
note, on faisait une reprise, on finirait par avoir des
irrégularités dans sa mesure totale. Arrivé à la station
2, on voit que l'on a une longueur totale de $174^m 20$
que l'on inscrit à côté de la ligne, en faisant précéder
ce nombre du signe = qui signifie, ici, longueur totale.
De la station 2 à la 3ᵉ, on inscrit et on note comme on
le voit à la figure.

Arrivé à la station 4, (Fig. 4), on ne peut apercevoir la station 5 ; on se trouve obligé d'élever une perpendiculaire jusqu'au point 4 bis, afin de pouvoir continuer l'opération. On pourrait remplacer cette perpendiculaire par toute autre ligne qui, quoique très-courte si l'on veut, serait considérée comme les autres lignes du plan. Mais enfin si c'est une perpendiculaire et que l'on n'ait pas pris sa déclinaison à la boussole, et que l'on soit dans le cas d'avoir besoin de cette déclinaison, voici comme on la trouvera : (Fig. 5) on prolonge la ligne séparant les stations 5 à 4, et à ce dernier point on fait passer la méridienne ; le prolongement de la ligne donnera évidemment le même angle de déclinaison que son origine ; on élève la perpendiculaire en question, et on voit que l'angle cherché sera 21° 45' manquant à l'angle droit, et qu'en outre cet angle sera *N O*.

Les lignes qui ne passent pas sur le périmètre même ne seront que ponctuées.

C'est alors à partir de 4 bis et non de 4 que l'on chaîne la ligne pour arriver à la station 5.

Parvenu à la ligne 7 — 8, (Fig. 4), on rencontre dans le chaînage un chemin de 3 mètres de largeur : on fait un point au milieu pour signifier que les 87^m 20 s'y rapportent ; à 98 mètres on rencontre le bord d'une rivière, de laquelle on sort à 109^m 50. On cote l'angle de déclinaison etc., comme on le voit au modèle.

Nous arrivons à la ligne 8 — 9 qui dépasse la longueur que nous nous sommes proposé d'adopter, mais nous avons pris toutes les précautions possibles pour avoir une déclinaison exempte d'erreur. Voir la fig. 6.

Quand les lignes sont longues et encombrées de détails à relever, on peut donner au croquis des proportions plus étendues : si les feuillets du cahier que l'on emploie à cet effet sont trop étroits, on peut fractionner en deux ou trois la ligne en question (fractionner sur le croquis et non sur le terrain), car plus les détails sont nombreux, plus il faut s'étendre, et ne rien mettre en confusion.

On voit sur ce croquis (Fig. 6.), les distances auxquelles on élève des perpendiculaires qui servent à établir un ou plusieurs points ; chaque point qu'elles rencontrent, est coté comme on le voit. Par exemple, la perpendiculaire élevée à 374 mètres, rencontre la rivière à 7 m 50, elle en sort à 19 m et rencontre le milieu du chemin à 22 m.

Quand on a un point où l'on doit élever deux perpendiculaires, l'une à droite, l'autre à gauche, comme à la distance 97 (Fig. 7), on est obligé de mettre cette longueur à l'extrémité et en regard de l'une des deux perpendiculaires. Le restant s'inscrit comme d'habitude.

On n'a pu élever de perpendiculaire (même figure), pour établir les extrémités du pont, à cause de la rivière, c'est pourquoi on prendra un point à 170 mètres, d'où l'on dirigera deux rayons visuels à ses extrémités : on cotera chaque angle et on mesurera les longueurs. On pourrait aussi à partir des 12 mètres de la perpendiculaire prise à 97 mètres, prendre la déclinaison de la ligne arrivant au pont, et mesurer cette ligne. C'est l'opérateur qui, au vu des lieux, doit juger la manière la plus propre pour parvenir à son but.

Quand les perpendiculaires rencontrent plusieurs points à noter, on inscrit chaque rencontre comme on le voit à la fig. 8, sur la ligne 10 à 11. Ces perpendiculaires se mesurent comme les grandes lignes sans interruption, et elles peuvent elles-mêmes avoir d'autres perpendiculaires.

Comme on ne relève que les points les plus saillants, au moins dans la plupart des opérations, on donne néanmoins, au croquis, toutes les formes ou petites courbures qui n'ont pas été rattachées.

Si on désire avoir la position d'un point à l'intérieur (ou à l'extérieur) du périmètre, tel que le point *A*, on dirigera à cet effet deux rayons visuels à partir des stations 10 et 11 (Fig. 8). Deux rayons ne sont pas suffisants pour rattacher un point un peu éloigné : quand on tient à avoir avec une certaine justesse, la position de ce point, on le recoupe par un nombre suffisant de rayons visuels partant de toutes les stations d'où il peut être aperçu.

La ligne 11 — 1 (Fig. 8) est la dernière du périmètre.

Quand on fait figurer des chemins ou des ruisseaux, dont on se contente de noter la largeur moyenne sur le croquis, ce dernier doit figurer les endroits qui sont plus larges ou plus étroits, afin d'en donner le relief sur le plan.

Quand le périmètre du terrain à lever présente des parties plus ou moins rentrantes, comme les parties occupées par les stations 5 et 7 (Fig. 12) du plan que nous venons de faire, il faut, s'il est possible, mesurer les lignes de 4 à 6 et de 6 à 8, et en prendre en même temps les déclinaisons. Ces lignes sont celles qui concourent à fermer le plan. Les parties rentrantes sont également mesurées et ne doivent être placées sur le plan que quand celui-ci est fermé, afin que si les lignes doivent être légèrement dérangées pour les faire coïncider, tout l'ensemble des détails n'ait pas à subir ces dérangements. En général, on ne place aucun détail avant que le plan soit fermé.

Quand on mesure des terrains qui sont allongés, on doit de temps à autre mesurer des diagonales, soit au moyen de lignes droites s'il est possible, soit en suivant des chemins ou des clairières.

Les chemins ou ruisseaux que l'on mesure à l'intérieur u plan, n se mesurent ordinairement que quand le mesurage du périmètre est fait; chaque chemin ou chaque ruisseau a son croquis à part; on rattache sur le terrain leur origine de départ à l'une des stations du périmètre. Quand on arrive de l'autre côté de ce périmètre on se rattache de même à l'une des stations les plus voisines.

Quand on a des enclaves, parties vides, etc., à mesurer à l'intérieur du périmètre, on mesure en ligne droite ou brisée, l'espace qui sépare ces enclaves de ce périmètre, afin de pouvoir placer ces parties dans le lieu qui leur convient sur le plan.

18. Prendre la déclinaison d'une ligne dont on n'aperçoit qu'une partie de la longueur.

Il arrive quelquefois qu'on ne peut voir d'une station à une autre ; le mieux dans ce cas serait de couper la ligne et de faire une ou deux stations intermédiaires ; mais si l'on tient à n'établir qu'une seule ligne, on peut après avoir tracé celle-ci convenablement, se mettre sur cette ligne en avant ou en arrière, et de manière à en voir la plus grande étendue, diriger la lunette de l'instrument dans ce sens, et par ce moyen obtenir la déclinaison de la ligne : car si elle est droite, elle donnera sur tous les points de sa longueur la même déclinaison. Cependant si la visée ne portait pas sur la majeure partie de la ligne, on aurait tout à craindre, tant des erreurs du pointé, que de la certitude que la ligne est parfaitement droite. Dans ce cas, on vérifie la déclinaison sur plusieurs points de cette ligne, afin de s'assurer que sur toute sa longueur, elle présente le même angle. Si on remarquait des légères différences on en prendrait la moyenne arithmétique.

14. Manière de tracer une ligne droite partant d'un point donné, pour arriver à un autre point invisible.

Soit la ligne $A\,B$ à tracer, (Fig. 9) : on fait placer quelqu'un en B qui se fasse entendre de la voix ou autrement; se dirigeant sur cette voix, à partir de A, on trace une ligne parfaitement droite; mais on arrive rarement au but. Au lieu d'arriver en B, on se trouve être en C. La ligne $A\,C = 120$ m. par exemple, et la perpendiculaire $C\,B = 12$ m.; on a donc un écart de 12 m. à l'extrémité de la ligne. Il est clair qu'à 60 mètres ou moitié de la ligne, l'écart ne doit être que de 6 mètres, et au quart de la ligne que de 3 mètres. On élèvera donc des perpendiculaires à tous les points que l'on voudra, en calculant la valeur de l'écart à chaque endroit, suivant la portion de la ligne déjà parcourue, si on était à 100 mètres du point A, par exemple, on aurait l'écart produit à ce point par la proportion : $120 : 100 :: 12 : x$, et $x = 10$ mètres.

Si la ligne était longue et qu'on fut parti d'après une déclinaison ou un angle donnés, on corrigerait l'écart qui en résulterait, en employant le même procédé.

15. Tracer une ligne droite au delà d'un obstacle.

Soit la ligne *A B* à tracer, (Fig. 10) : Arrivé en *a*, on ne peut continuer, soit à cause de la rencontre d'un arbre, d'un bâtiment ou de toute autre chose. On élève au point *a*, une perpendiculaire *a a'*, assez longue pour pouvoir passer à côté de l'obstacle; reculant de *a* en *A*, d'une longueur suffisante, on élève une seconde perpendiculaire *c c'* égale à *a a'*; poursuivant cette nouvelle ligne dans le sens *c' a'*, on arrive au point *b'* où l'on élève la perpendiculaire *b' b* égale à *a' a*; et à une distance convenable (le plus loin que possible), on élève encore la perpendiculaire *d' d* égale aux autres. On pourra alors continuer le tracé de la ligne *A B*.

Si l'on est muni d'une boussole, on peut prendre la déclinaison de la fraction de la ligne déjà parcourue *A a*, et donner à l'autre partie de cette ligne *b B*, la même déclinaison. Si l'obstacle n'est qu'un arbre ou un objet de peu d'étendue, on place simplement la Boussole en *b*, pour donner la direction au restant de la ligne; mais si l'objet est large, il faut mesure *a a'*, et après s'être mis d'équerre, donner à *b b'* la même longueur.

16 Mener une ligne parallèle à une autre ligne.

Une ligne étant donnée, on veut à partir d'un point quelconque mener une autre ligne parallèle à cette première. On élève, à partir de la ligne connue, une perpendiculaire sur le point d'où l'on veut faire partir la seconde ligne; puis de distance en distance, on élève d'autres perpendiculaires égales à la première. On se trouve, par ce moyen, avoir plusieurs points appartenant à la seconde ligne qu'il est dès lors facile d'établir.

Avec la Boussole, on y parviendrait en donnant à la seconde ligne, la même déclinaison qu'on aurait observée à la ligne donnée.

Si l'on n'a d'autre instrument que la chaîne, voici comme on peut s'y prendre pour mener une ligne parallèle à une autre ligne : La ligne donnée étant *A B* (Fig. 11), on part du point connu *a* de la ligne à tracer, en conduisant une oblique *a c* sur la première ligne ; d'un autre point quelconque de la ligne donnée, du point *A* par exemple, on mène une autre ligne passant par *C* milieu de la longueur *a c*, et ou prolonge *C d* d'une longeur égale à *A C*. Le point *d* sera un second point de la ligne à tracer.

De plus les lignes *A a*, et *c d* sont égales et parallèles. Ce problème est emprunté au guide du Géomètre.

17. Mesurer la distance à un point inaccessible.

Ayant $A B$ à mesurer (Fig. 12) : on prolonge cette ligne d'une quantité arbitraire, mais suffisante, d'une quantité $B c$; du point c on mène une autre ligne $c d$ d'une longueur à volonté; du point B, en passant par C, milieu de $c d$, on mène la ligne $B C e$, en faisant $C e$ égale à $B C$. Ces dispositions terminées, ou prolonge la ligne $A C$ jusqu'au point f, où l'on rencontre la ligne $d e$ prolongée. La ligne $A B$ sera égale à $e f$, et $A C$ sera égale à $C f$. De plus les lignes $A B c$ et $d e f$ seront parallèles. Celle qui joindrait $A d$ serait également parallèle à celle qui joindrait $c f$. — Ce problème est emprunté au Guide du Géomètre.

La figure 13 nous fait connaître un moyen très-simple de mesurer une ligne joignant un objet inaccessible, au moyen de l'équerre. Soit $L M$ (Fig. 13) la ligne à mesurer. On fait $L N$ perpendiculaire à $L M$, et se dirigeant sur cette ligne jusqu'au point N d'où l'on aperçoit l'objet M par l'ouverture des 45° de l'équerre (moitié de l'angle droit) ou a $L M$ égale à $L N$.

CHAPITRE III.

TRIGONOMÉTRIE.

Avant d'entrer dans les détails du rapport des plans, nous allons exposer le plus succintement que possible, la théorie des logarithmes des nombres et des sinus, ainsi que leur usage. Nous ne nous imposons d'en expliquer que ce qui est nécessaire pour les calculs ordinaires du genre de ceux renfermés dans ce traité.

18. Des logarithmes des nombres, et des sinus des angles.

Les signes d'abréviation les plus ordinaires sont les suivants :

Logarithme est désigné par   log.
Sinus   par   sin.
Cosinus   par   cos.
Rayon   par   R.
Le signe $=$ veut dire *égal à*
  Id. $+$ id.   *plus.*
  Id. $-$ id.   *moins.*
  Id. $\times$ id.   *multiplié par*

Le signe $>$ veut dire plus grand que.

Id. $<$ id. plus petit que.

Le log. vulgaire d'un nombre est l'exposant de la puissance à laquelle il faut élever 10 pour avoir ce nombre. Ainsi le nombre

1 est le log. de 10 puisque 10 élevé à la puissance 1 donne 10.
2   id.   100   10   id.   2   100.
3   id.   1000   10   id.   3   1000.
4   id.   10,000   10   id.   4   10,000.
etc.

Ces nombres 1, 2, 3, 4, etc. sont appelés la caractéristique des log., parce qu'ils caractérisent et désignent à quel ordre les nombres appartiennent. Par exemple, en voyant 3 suivi d'un nombre fractionnaire, on sait que le nombre qu'il représente est compris entre 1000 et 10,000.

Les nombres entre 1 et 10, entre 10 et 100, entre 100 et 1000 etc., ont pour log. la caractéristique des nombres ronds qui les précèdent, plus une fraction.

Nous supposons faire usage des tables de M. de Lalande qui comprennent les nombres d'1 à 10000 avec 5 décimales. Il est donc bien facile d'avoir les log. des nombres entiers compris dans ces tables, mais quand on veut avoir le log. d'un nombre à la suite duquel il y a une fraction, on prend la différence qui existe entre le log. de ce nombre (la fraction non comprise), et le log. du nombre suivant ; puis on cherche la portion de cette différence qui doit entrer dans le log. pour la valeur de la fraction, par cette proportion : *Si une unité donne une différence de..... Combien doit en avoir la fraction à la suite du nombre proposé.* Exemle : on demande le log. du nombre 256,70 ; le log. de 256 est....... 2,40824 auquel il faut ajouter une partie de la différence existant entre le log. de ce nom— bre et celui du nombre suivant qui est 2,40993 ce qui donne une différence de 169. On fait la proportion : $1 : 0,70 :: 169 : x$ et $x = 118$ qu'il faut ajouter à 2,40824 ce qui fait 2,40942 pour le log. du nombre 256. 70. Second exemple : chercher le log. de 3984, 75 ? Nous avons le log. de 3984 $=$.......3.60032. La différence entre le log. de ce nombre et celui du nombre suivant étant 11 on aura la proportion : $1 : 0, 75 :: 11 : x$, d'où $x = 8, 25$, ce qui donne pour le log. de 3984, 75 ci 3,60040, 25 ou simplement 3,60040.

Le tout se réduit à multiplier la fraction qui est à la suite du nombre proposé, par la différence tabulaire, et retrancher à la droite du résultat, autant de chiffres qu'il y en a dans la fraction.

Quand les nombres dont on veut avoir les log. sont au-dessous de 1000, et qu'il y a une fraction à leur suite, comme dans le nombre 346, 90, on cherche le log. du nombre 3469 qui est 3, 54020. Mais comme ce nombre est dix fois trop fort, on retranche 1 à la ca- ractéristique, et le vrai log. est 2,54020.

Il en est de même pour chercher la valeur des nombres dont on a les log., on les cherche toujours à la caractéristique 3, mais on a soin de retrancher autant de chiffres à la droite du nombre trouvé, que le log. dont on cherche la valeur, se trouve avoir d'unités en moins de 3 à la caractéristique.

Exemple : le log. 0, 60863 donne le nombre 4064 à la

caractéristique 3. Mais comme le log. proposé à zéro à la caractéristique, on a obtenu un nombre dont il faut laisser 3 chiffres de droite, pour la fraction, ce qui donne 4, 061 pour le nombre véritable.

Il se trouve quelquefois que le résultat des opérations donne pour caractéristique des nombres négatifs. Ces nombres négatifs exprimés en chiffres ronds, ayant les caractéristiques suivantes : — 1; — 2;   — 3;   — 4 etc. ont pour valeur respectives 0, 1; 0, 01; 0, 001; 0, 0001 etc.

Ainsi si l'on avait eu dans le log. proposé plus haut, — 1, 60863, on aurait eu 4 chiffres à retrancher au lieu de 3 (car on a cherché le nombre à la caractéristique 3), et le nombre aurait été 0, 4061. Si le log. était — 3, 60863 le nombre serait 0, 004061 (en retranchant 6 chiffres).

Les log. des sinus et des cosinus des angles sont entièrement fractionnaires, excepté celui du Rayon ou de l'angle droit qui est pris pour unité. Pour mieux comprendre ce que sont les sinus, cosinus, etc. nous allons les expliquer suivant la figure 25.

Le sinus de l'arc $A M$, ou de l'angle $A C M$, est la perpendiculaire $M P$ abaissée de l'extrémité M de cet arc, sur le diamètre passant par l'autre extrémité.

La ligne $A T$ menée perpendiculairement à l'extrémité du rayon $C A$, et terminée par la rencontre de $C M$ prolongée, est appelée la tangente de l'arc $A M$ ou de l'angle $A C M$; et $C T$ est la sécante de cet arc ou de cet angle.

L'arc $A D$ ou l'angle $A C D$ étant égal au quart de la circonférence ou 90 °, si des points M et D, on mène les lignes MQ, DS, perpendiculaires au Rayon CD, l'une terminée à ce Rayon, l'autre terminée au Rayon CM prolongé ; les lignes MQ, DS, CS, seront les sinus, tangente et sécante de l'angle MCD, complément de l'angle ACM. On les appelle MQ cosinus, DS cotangente, CS cosécante de l'angle ACM. Les lignes MP, AT, sinus et tangente de l'angle ACM, seront pareillement les cosinus et cotangente de l'angle DCM.

Il est facile de voir à l'aperçu de la figure 25 que plus les angles augmentent, plus leurs sinus augmentent, tandis que leurs cosinus diminuent; et par la même raison plus les angles diminuent plus les sinus diminuent, tandis que leurs cosinus augmentent. A 45° ou moitié de l'angle droit, le sinus est égal à son cosinus, et les tangente et cotangente sont égales au Rayon. Car ayant fait l'angle $BCN = 45^\circ$, l'angle de son complément DCN, aura pareillement 45° ». Le Rayon étant le sinus de l'angle droit, son cosinus sera zéro, et par la même raison, le sinus de l'angle zéro sera zéro, tandis que son cosinus sera égal au Rayon.

Le supplément d'un angle est ce qui reste en retranchant cet angle de 180°, ou de deux droits. Le sinus d'un angle étant la perpendiculaire abaissée de l'une des extrémités de l'arc comprenant cet angle, sur le diamètre passant par l'autre extrémité, le sinus d'un angle plus grand qu'un droit, sera égal au sinus du supplément de cet angle. Ainsi $m\,d$ est le sinus de l'angle $m\,CD$, et $m\,a$ son cosinus.

La tangente au-dessous de 45° est entièrement fractionnaire; à 45 ° elle est égale au Rayon; et de 45 ° à 90 ° elle dépasse le rayon.

Ces explications données, nous allons passer au moyen de se servir des sinus et cosinus consignés dans les tables. Ces tables ne donnent pas les sinus, cosinus, mais bien les log. des sinus et cosinus qui tous sont entièrement fractionnaires, puisque tous sont plus petits que le Rayon qui est pris pour unité.

Les sinus et cosinus étant fractionnaires ainsi qu'on vient de le voir, la caractéristique de leurs log. sera négative; mais pour ne pas avoir à opérer continuellement avec des caractéristiques négatives, on a ajouté, dans les tables, dix de trop à chacune d'elles : c'est pourquoi on remarque dans les premiers log. des tables, la caractéristique 6 au lieu de *moins* 4, et dans les derniers, la caractéristique 9 au lieu de *moins* 1.

Dans les tables on n'a pas mis les 10 unités en plus à la caractéristique des tangentes à partir de 45 ° et au-dessus, mais il faut avoir soin de ne pas les omettre dans les calculs.

Le Rayon a pour caractéristique le chiffre 10.

Comme les sinus, cosinus, etc. ne s'emploient que dans les calculs relatifs aux triangles, les dix unités ajoutées en trop à la caractéristique, s'annulent dans le calcul d'un triangle, attendu que s'il y a un sinus ou cosinus dans l'un des membres extrêmes de la proportion, il s'en trouve également un dans l'un des termes moyens.

On ne trouve, en descendant la table des sinus des angles que ceux jusqu'à 45 °, ayant, comme l'indique l'entête de ces tables, les sinus à gauche et les cosinus à droite ; mais à partir de 45 °, on remonte la table, en prenant son entête au bas de la page, et dans ce cas on a les sinus à droite et les cosinus à gauche.

Nous pensons que les explications qui précèdent sont suffisantes, d'autant plus que chacun pourra trouver des explications plus étendues dans les ouvrages qui traitent de cette matière.

19. Résolution des triangles rectilignes.

Les angles des triangles ne sont pas proportionnels aux côtés opposés à ces angles, mais leurs sinus remplissent cette condition. Pour avoir plus de facilité à comparer les angles avec les côtés qui leur sont opposés, on figurera par a le côté opposé à l'angle A, par b le côté opposé à l'angle B, et par c le côté opposé à l'angle C.

20. Triangles rectangles.

Les triangles rectangles sont ceux qui comprennent un angle droit. Voici les diverses formules qui les résolvent.

Nous ferons remarquer que le triangle étant composé de six éléments, trois angles et trois côtés, il faut pour leur résolution, connaître trois de ces six éléments, et qu'il y entre au moins un côté dans cette connaissance.

La figure 14 nous servira pour la résolution des triangles rectangles.

I. *Étant connus, les côtés a et b, trouver les angles B C et le côté c.* On a l'angle B par la proportion : a : b : : sin. A (ou R) : sin. B ; d'où sin. $B = \dfrac{b \times R}{a}$. L'angle C sera le cos. ou le complément de l'angle B.

Le côté c se trouve en faisant la proportion R : sin. C : : a : c ; d'ou $c = \text{sin.} \dfrac{C \times a}{R}$

II. *Les côtés b et c étant connus, trouver les angles B, C, et le côté a.*

B sera connu par la proportion c : b : : R : tang. B; d'où tang. $B = \dfrac{b \times R}{C}$

C sera le cos. de B. On l'obtiendrait également par b : c : : R : tang. C, et tang. $C = \dfrac{c \times R}{b}$

La proportion suivante donnera le côté a, sin. B : R : : b : a, d'où $a = \dfrac{R \times b}{\text{sin. } B}$

III. *Étant connus le côté a et l'angle B, trouver l'angle C, les côtés b et c.*

L'angle C est le cos. de l'angle B.

On aura le côté b, par R : sin. B : : a : b, d'où $b = \dfrac{\text{sin. } B \times a}{R}$

On obtiendra le côté c par $R : \sin. C :: a : c$, d'où

$$c = \frac{\sin. C \times a}{R}.$$

IV. *Le côté b étant connu, ainsi que l'angle B, trouver l'angle C, le côté a et le côté c.*

L'angle $C =$ cos. de l'angle B.

On aura le côté a par $\sin. B : R :: b : a$; d'où $a =$

$$\frac{R \times b.}{\sin. B}$$

Le côté c par $R : \sin. C :: a : c$; d'où $c = \dfrac{\sin. C \times d.}{R}$

Les triangles ci-dessus peuvent être résolus avec ces formules en se servant des sinus naturels, par multiplications et divisions, mais il faut avoir des tables donnant ces sinus; tel n'est pas notre but, on doit résoudre ces triangles par le calcul logarithmique, par additions et soustractions, en se servant des logarithmes représentant la longueur des côtés, et des logarithmes des sinus consignés dans les tables de M. de Lalande. Nous transformerons donc les formules ci-haut en les suivantes :

I. $\sin. B = \log. b + R - \log. a.$
$c = \sin. C + \log. a - R.$

II. $\operatorname{Tang}. B = \log. b + R - \log. c.$
$\operatorname{Tang}. C = \log. c + R - \log. b.$
$\log. a = R + \log. b - \sin. B.$

III. $\log. b = \sin. B + \log. a - R.$
$\log. c = \sin. C + \log. a - R.$

IV. $\log. a = R + \log. b - \sin. B.$
$\log. c = \sin. C + \log. a - R.$

Dans la résolution des triangles qui vont suivre, nous ne nous servirons que du calcul logarithmique.

21. Triangles obliquangles.

Les triangles obliquangles sont tous les triangles autres que les rectangles. Voici comment on procède à leur résolution afin de mieux faire comprendre la manière qu'on emploie pour la résolution de ces triangles, nous avons affecté des valeurs aux côtés et aux angles du triangle fiig. 15.

I. *Le côté a, les angles A et B étant connus, trouver l'angle C, les côtés b et c.*

L'angle C est le supplément de $A + B$ ($180° - 80° - 41°02' = 58°58'$).

Log. $b =$ sin. A : sin. B : : log. a : log. b ; d'où log. $b =$ log. $a +$ sin. $B -$ sin. A.

$a = 150$ dont le log.............. 2, 17609
Sin. $B = 41°02'$ 9, 81726

      Somme............ 11, 99335
$-$ sin. $A = 80°$ 9, 99335

      Reste............ 2, 00000

représentant la valeur de b, ou le nombre 100.

La valeur de c se trouvera par

Sin. A : sin. C : : log. a : log c ; d'où log. $c. =$ sin. C $+$ log. $a -$ sin. A.

II. *Étant connus a, b et A, trouver B, C et c.*

Sin. $B =$ sin. $A +$ log. $b -$ log. a; car on a $a : b$: : sin. $A :$ sin. B.

$C = 180° - (A + B)$.

Log. $c =$ log. $a +$ sin. $C -$ sin. A; car sin. $A :$ sin. $C : : a : c$.

III. *Les côtés a et b ainsi que l'angle C qu'ils comprennent étant connus, trouver les angles A et B, ainsi que le troisième côté c.*

Le côté a étant plus grand que le côté b, on fait cette proportion :

Log. $(a + b) :$ log. $(a - b) : :$ tang. $1/2 (A + B) :$ tang. $1/2 (A - B)$ et procédant par nombres, nous avons pour les membres respectifs de cette proportion :

$(a + b) : (a - b) : :$ tang. $1/2 (A + B) :$ tang. $1/2 (A - B)$

250 » : 50 » : : $60° 31'$: x

Effectuant les calculs, on a log. 50. . . .   1, 69897

Tang. $60° 31'$ 10, 24765

               Somme. 11, 94662

— log. 250. . . . .   2, 39794

               Reste 9, 54868

représentant moitié de la tangente de $(A + B)$ ou $19° 29'$.

Si à la demi-somme de $(A + B)$ ou $60° 31'$

      ci . . . . $60° 31'$

On ajoute la demi-différence   19   29

               On aura. . . . . $80°$ »

qui est la valeur du plus grand angle; et comme le plus grand angle doit être opposé au plus grand côté, nous reconnaissons que cet angle doit être opposé au côté a.

Mais si de la demi-somme $(A + B)$ ou $60° 31'$ on retranche la demi-différence $19° 29'$, on obtient $41° 02'$ qui représente la valeur du plus petit angle B, opposé au plus petit côté b.

Le côté c sera connu par : Sin. B : sin. C : : log. b : log. c.

IV. *Étant connus les trois côtés d'un triangle, trouver les trois angles.*

Cherchons un des angles, A par exemple : la formule suivante donnera la valeur de son cos. $\dfrac{b^2 + c^2 - a^2}{2\,b\,c}$.

Cette formule n'étant pas facile à résoudre par le calcul logarithmique, on peut se servir de celle-ci : $b\,c$: $(p - b) \times (p - c)$: : R^2 : sin.^{2} $1/2$ A.

Nota. p représente la demi-somme des trois côtés du triangle, ($b\,c$ exprime le produit de b par c. En général, les lettres à la suite les unes des autres sans être séparées, signifient que les valeurs qu'elles représentent sont multipliées les unes par les autres.)

Exemple par des chiffres : Nous cherchons l'angle A. La formule étant :

$b\,c$: $(p - b) \times (p - c)$: : R^2 : sin.^{2} $1/2$ de A.
13050 : $90,25 \times 59,75$: : $20,00000$: sin.^{2} $1/2$ de A.
Cette dernière ligne représente la formule traduite en chiffres.

Pour effectuer les calculs nous avons à ajouter ensemble les log. des deux termes moyens ($90,25 \times 59,75$) et $20,00000$, et en retrancher le log. du terme extrême 13050.

Comme les additions des log. donnent des multiplications, et les soustractions des divisions, nous ne mul-
tiplierons pas les longueurs des côtés, tels que 130, 50
par 100 et 90, 25 par 59, 75, nous ajouterons seulement leurs log., ce qui simplifie beaucoup les calculs.

Log. de 90, 25 .... 1,95545 ⎱
Log. de 59, 75 .... 1,77654 ⎰ ·· 3,73179

R^2 ou le carré du rayon (doubler son
log. c'est en faire le carré) 20,00000

Somme 23,73179

Il nous reste à retrancher le terme extrême formé des produits de b par c :

Log. b ou de 100 = 2,00000 .... ⎱
Log. c ou de 130, 50 = 2,11561 .... ⎰ ·· 4,11561

Reste................ 19,61618

qui représente le carré de la moitié du sinus de l'angle A. Or, en divisant un log. par 2 c'est extraire la
racine carrée du nombre qu'il représente, nous prendrons la moitié de ce log. qui est 9,80809 représentant
le sin. de moitié de l'angle A, ou 40 °, et doublant on
aura 80 ° pour valeur de cet angle.

On aurait également les deux autres angles par les
proportions :

Sin.^{2} 1/2 de $B = ca : (p-c) \times (p-a) :: R^2 :$
sin.^{2} 1/2 B.

Et sin.^{2} 1/2 de $C = ab : (p-b) \times (p-a) :: R^2 :$
sin.^{2} 1/2 C.

Tels sont les cas principaux qu'on se trouve dans le
cas de résoudre en trigonométrie.

CHAPITRE IV.

DES ÉCHELLES, DES MESURES LINÉAIRES ET DE SUPERFICIE.

22. Des échelles.

Les échelles font connaître le rapport du terrain avec les dimensions du plan : quand on dit l'échelle d'1 à 1000, cela signifie qu'une partie du plan, un mètre par exemple, en donne mille sur le terrain. Il n'y a que des plans de très-petite étendue qu'on dresse à des échelles plus grandes que celle d'1 à 1000; l'échelle la plus en usage, dans les forêts surtout, est celle d'1 à 2500; on emploie quelquefois celle d'1 à 5000, mais pour les plans de grande étendue seulement.

L'usage des échelles est si facile et si connu qu'on pourrait se dispenser d'en parler; cependant il n'est pas inutile d'en dire quelques mots.

Les divisions *A F*, *B G*, *C H* (Fig. 16) représentent les centaines; les divisions de *A* à *D* donnent les dixaines; et les lignes transversales *a*, *b*, *c*, etc. servent à obtenir les unités qui se trouvent à l'intersection de ces lignes avec les obliques partant de la ligne *A D*, et aboutissant à la ligne *E F*. En effet, chaqu'une de ces lignes obliques tombant à 10 unités plus à gauche sur EF, qu'à leur départ de la ligne AD, on conçoit, puisqu'il y a dix lignes transversales à égales distance les unes des autres, que la première intersection représente 1, la seconde 2, ... et la neuvième 9.

Pour prendre 6 unités avec le compas, on mettra une des pointe à l'intersection de la sixième transversale avec la ligne AF, et l'autre pointe à l'intersection de l'oblique partant de zéro, avec la transversale g. Pour avoir 54, on posera une des pointes du compas sur la ligne AF, à la quatrième ligne transversale, et l'autre pointe à l'intersection de la ligne partant de 50, avec la transversale e.

Quand il y a des centaines avec les dixaines et les unités, on pose l'une des pointes du compas sur les lignes BG, CH, etc, à l'intersection des transversales qui exprime le nombre d'unités qui est à la suite des dixaines, et on termine l'opération comme on vient d'en donner deux exemples.

S'il y a des fractions à la suite des longueurs à prendre, on pose les pointes du compas, entre les transversales, à vue d'œil, et en proportion de l'importance de la fraction.

23. Trouver l'échelle d'un plan sur lequel elle n'est pas indiquée.

Si le terrain dont on possède le plan n'est pas éloigné, on se transporte sur les lieux, puis on en mesure

les lignes dont les extrémités sont le mieux arrêtées ;
et avec ces données, on reconnaît facilement à quelle
échelle le plan a été construit.

Si on ne peut aller sur le terrain, on calcule de nouveau le plan, avec une échelle quelconque, et on établit ensuite la proportion : *la contenance calculée, est
à la contenance du plan, comme le carré de l'échelle
dont on s'est servi, est au carré de l'échelle cherchée.*
On simplifie beaucoup l'opération en extrayant de suite
la racine carrée de la contenance calculée, et celle de
la contenance donnée : ce moyen permet d'arriver
plus vite au résultat. Exprimons par a la racine carrée
de la contenance donnée, par b la racine carrée de la
contenance calculée, par c le dénominateur de l'échelle
dont on s'est servi pour ce calcul, et par e le dénominateur de l'échelle inconnue ; nous aurons la porpor-
tion $b : a : : c : e$.

Exemple : la contenance du plan sans échelle est de
240 ares. Après avoir calculé de nouveau, ce plan, en
se servant de l'échelle d'1 à 1250 par exemple, on
trouve 52 ares 1/2. Extrayant les racines carrées de
ces deux contenances on a $a = 14,491$ et $b = 7,246$,
et faisant la proportion $7,246 : 14,491 : : 1250 : x$,
d'où $x = 2500$ qui est le dénominateur de l'échelle
cherchée, ou 1 à 2500.

Ce calcul s'effectue facilement par les logarithmes,
en procédant de la sorte : log. de 240 ares $= 2,32222$
dont 1/2 pour avoir la racine carrée,   1,16111
log. de 1250 (dénominateur de l'échelle
dont on s'est servi pour le calcul). . . .   3,09691
                                 —————
       Somme.   4,25802

Somme. 4,25802

Log. de 52 a. 1/2 = 1,72016 dont 1/2
pour extraire la racine carrée 0,86008

Reste 3,39794

qui répond à 2500 dénominateur de l'échelle cherchée.

24. Des diverses mesures linéaires, et de superficie.

Le *mètre* est l'unité fondamentale des mesures linéaires du nouveau système : son étendue est la dix-millionnième partie du quart du méridien terrestre. Un mètre équivaut à 3 pieds 11 lignes $\frac{296}{1000}$ de ligne des mesures anciennes.

L'unité de superficie est l'*are* ou 100 mètres carrés (un carré de 10 mètres de côté); et l'hectare équivaut à 100 ares, ou 10,000 mètres carrés.

La perche ancienne de 22 pieds ou 484 pieds carrés, équivaut à 51 m. 07 carrés.

Un arpent de 100 perches carrées, la perche de 22 pieds, donne 0 h. 51 a. 07198.

Un arpent de 100 perches carrées, la perche de 18 pieds, donne 0 h. 34 a. 18869.

1 hectare équivaut à 1 arpent 9580201 (la perche de 22 pieds).

1 hectare équivaut à 2 arpents 9249437 (la perche de 18 pieds).

25. Manière de rapporter les angles.

Quand on a recueilli sur le terrain tous les éléments qu'on a jugé convenables pour établir, au cabinet, sur le papier, la reproduction fidèle des lieux, on procède au rapport des mesures que l'on a prises sur le terrain. L'exactitude des notes prises sur les lieux mises à part, la sagacité du Géomètre entrera pour beaucoup dans la régularité du plan. Il est rare que toutes les mesures prises sur le terrain concordent parfaitement quand on les établit sur le papier : il dépend donc beaucoup de la pénétration du Géomètre pour bien répartir les petites différences résultant de cette discordance.

Rapporter un plan n'est autre chose que la répétition du travail que l'on a fait sur les lieux ; mais on se sert d'autres instruments : Ainsi la boussole est remplacée par le rapporteur, la chaîne par le compas et l'équerre en métal par une équerre en bois, d'une autre forme.

26. Rapport des angles au rapporteur simple.

La manière la plus connue de rapporter les angles, est après avoir choisi sur le papier, le point de départ, de faire passer une méridienne *N S* par ce point (Fig. 17). Cette ligne représente la méridienne passant par les deux extrêmités de l'aiguille de la Boussole. Prenons pour exemple les premières lignes de notre plan : Nous plaçons notre rapporteur à droite de la méridienne (car nous remarquons que les déclinaisons dont nous avons besoin sont du côté de l'Est), de manière à avoir son centre *C* sur notre station n° 1 ; la ligne diamétrale passant par le centre du rapporteur, sera placée exactement sur la méridienne *N S*. Pendant que le rapporteur est placé, on peut marquer sur le papier les déclinaisons de plusieurs lignes, en inscrivant près des points que l'on fait à cet effet, les chiffres des diverses déclinaisons. Nous avons, en premier lieu, 44°30'; nous ferons un point sur le papier à cet endroit ; vient ensuite la déclinaison 10° 50 ' que nous marquons de même ; après c'est l'angle 68 °15' etc. Tirant ensuite une ligne très-fine *c b*, on porte sur cette ligne 174 m. 20 que l'on a pris au compas, sur l'échelle adoptée pour ce plan, afin d'avoir le point de la station N° 2. Pour arriver à la 3ᵉ station, on a une déclinaison de 10°50' : on mènera en conséquence, une ligne parallèle à *C a*, passant exactement par le point N° 2, puis on portera la longueur de 112 m. 55 de l'échelle sur cette ligne. La station N° 4 s'obtient en opérant de même, c'est-à-dire, en faisant passer par le point N° 3, une parallèle à *C d*, et en portant sur cette ligne une longueur de 84 m. 30.

Les trois lignes dont on vient de parler ont leur déclinaison du Nord à l'Est ; on opèrerait de même si les angles étaient S.-E.

Si les déclinaisons étaient N O ou S O, on placerait le rapporteur à gauche de la méridienne pour les tracer.

Quand les points des stations deviennent trop éloignés de la première méridienne, pour mener commodément les parallèles, on en trace une seconde, une troisième, etc., mais il faut qu'elles soient bien parallèles à la première. Quand le plan n'est pas étendu, on trace la méridienne de manière à ce qu'elle passe à peu près au centre du circuit que l'on prévoit devoir obtenir pour les limites du plan.

27. Emploi des angles au rapporteur complémentaire.

Le rapporteur complémentaire, numéroté comme le représente la fig. 18, sert à transcrire, sur le papier, les angles compris entre 1 ° et 360 °. Son diamètre extérieur $a\,b$ doit être exactement parallèle à la ligne $A\,B$ passant par son centre C. Cet instrument doit être en corne transparente.

Il faut bien se pénétrer de ceci : le cercle de la boussole est divisé de gauche à droite, ainsi que le rapporteur complémentaire, en sorte qu'on croirait, à première vue, que les angles exprimés par elle, doivent être comptés, sur le papier, à partir de la méridienne, pour aller dans le sens de droite : il n'en est pas ainsi, car pour peu que l'on observe la marche que suit la division du cercle, on se pénétrera bien vite que les angles doivent être transcrits de droite à gauche, à partir de la méridienne. En effet, si on dirige la lunette de l'instrument de droite à gauche, l'aiguille restant fixe, marquera combien de degrés on parcourt dans ce sens.

On considèrera donc le rapporteur complémentaire comme étant le cercle de la boussole, et la méridienne tracée sur le papier, comme en étant l'aiguille. Pour transcrire les angles à partir de 0 °, on placera le point *C* (centre) du rapporteur sur la méridienne en ayant soin que celui-ci se trouve dans la région Est, tandis que son diamètre fait face à l'Ouest (Fig. 18); puis le faisant tourner dans le sens de droite à gauche, en maintenant toujours le point *C* sur la méridienne, on remarquera que cette méridienne indique absolument les mêmes angles que l'aiguille de la boussole le ferait. Arrivé à 180 °, le rapporteur se trouve entièrement dans la région Ouest, ayant son diamètre tourné contre l'Est. Pour parcourir 180 °, on s'est servi de la première série extérieure des numéros du rapporteur. Cet instrument tournant encore (toujours de droite à gauche), dépassera 180 °, et ce sera alors le côté Sud de la méridienne qui indiquera la valeur des angles qui grandiront jusqu'à 360 °, d'où le rapporteur est parti. Les angles seront comptés de 180 ° à 360 ° sur la seconde ligne numérotée du rapporteur.

Cette indication suffirait, si on voulait se borner à placer une équerre contre le diamètre du rapporteur, et faire glisser cette équerre jusqu'au point où l'on veut tracer la ligne dont on a besoin ; mais il vaut mieux, et il est beaucoup plus expéditif d'y faire glisser le diamètre lui-même du rapporteur, en faisant toucher son bord extérieur au point d'où la ligne doit partir, et de considérer ce diamètre comme la règle servant à tracer les lignes. Cette manière d'opérer se trouverait arrêtée, si le point duquel doit partir la ligne demandée était à quelque distance de la méridienne, et que l'angle fut petit, rapproché ou dépassant un peu 180°, ou bien s'il était rapproché ou peu éloigné de 360° ; car on ne pourrait faire toucher le diamètre au point voulu, en même temps que le centre du rapporteur serait maintenu sur la méridienne, et cela tout en donnant l'angle demandé.

Pour obvier à cet inconvénient, on trace sur le papier, une suite de méridiennes distantes de 8 centimètres les unes des autres. (Nous disons 8 centimètres parce que cette longueur représente 200 mètres sur l'échelle d'1 à 2500. Au surplus, on donne les distances nécessaires pour que le rayon du rapporteur les dépasse.) Ces méridiennes sont recoupées par une série de perpendiculaires ayant entre elles la même distance que les méridiennes.

Pour bien comprendre ce qui va être dit, il serait nécessaire d'avoir sous les yeux un rapporteur en corne, numéroté comme celui de la figure 18, et de le faire tourner dans le sens qu'il sera dit.

Ayant un point entre deux méridiennes d'où une ligne doit partir, et cette ligne doit avoir, par exemple

10 °; on placera le centre *C* du rapporteur, à l'intersection de l'une des méridiennes avec une perpendiculaire, et on verra qu'en faisant tourner le rapporteur
jusqu'à 10° sur la méridienne, la perpendiculaire (du
côté de l'Est), marquera aussi 10° sur le second cercle
numéroté à partir du centre. On pourra donc faire
glisser le centre du rapporteur sur cette perpendiculaire, comme on le fait sur les méridiennes, puisque
l'angle sera le même, et par ce moyen, faire toucher
son diamètre au point voulu. Si l'angle eut été plus
ou moins grand que 10°, on aurait opéré de même.

Quand les angles arriveront près de 180°, on aura
le même obstacle : il faudra alors se servir de la perpendiculaire allant à l'Ouest, et prendre la première
série numérotée à partir du centre, commençant par
130, 140, etc. On se servira de cette même série de
numéros pour dépasser 180°.

Lorsqu'on arrive à l'approche de 560°, on reprend
les perpendiculaires allant à l'Est, en comptant la valeur des angles sur la seconde série numérotée à partir du centre, et commençant par 310, 520, etc.

Quand on est bien familiarisé avec cette méthode de
traduire les angles, on rapporte très-vite, car on peut
prendre, à l'avance, la longueur d'une ligne avec le
compas dont on maintient une des pointes sur le point
d'où la ligne doit partir, tandis que de l'autre main
on fait tourner le rapporteur jusqu'à ce qu'il figure
l'angle demandé, tout en maintenant son centre *C* sur
une méridienne ou sur une perpendiculaire, et en
ayant son diamètre contre la pointe du compas. Le

rapporteur marquant l'angle demandé, on ramène la seconde pointe du compas contre son diamètre, et en pressant légèrement, on obtient un point qui figure l'extrémité de la ligne. On prend ensuite la longueur de la ligne suivante, et on met de nouveau une des pointes du compas sur le point que l'on vient de faire, pour opérer sur cette ligne comme on l'a fait pour la précédente.

Cette méthode exempte de faire les points à côté des lignes, et celles-ci à côté des points. On n'a pas à craindre non plus le dérangement de l'équerre en la faisant glisser pour conduire les parallèles. Il suffit de bien établir les méridiennes et les perpendiculaires, pour faire un bon rapport des lignes du plan.

Pour ne pas s'exposer à donner une direction opposée aux lignes que l'on trace, il est bon d'avoir sur le diamètre du rapporteur une petite flèche indiquant le sens des lignes. Cette marche a toujours lieu dans le sens de *B* en *A*.

La méthode de prendre, avec le compas, la longueur des lignes avant de s'occuper de leur déclinaison, donne au travail une marche plus expéditive ; et on peut se dispenser de tracer, au crayon, les lignes allant d'une station à une autre : on se contente de faire un petit rond autour du point, et de lui donner le numéro de la station. Quand les points qui rattachent toutes les lignes directrices du plan sont tous placés, la feuille de papier est presque encore aussi nette qu'avant de commencer ; et si le plan ne se ferme pas, on n'a que les points à déplacer et non les lignes qui ne sont tracées qu'après être bien arrêté sur leur position.

Le compas embarrasse un peu dans le commencement, mais on se familiarise bien vite avec son emploi combiné avec le rapporteur.

Si on a une ligne dépassant les limites du rapporteur, on la fractionne, et en prenant seulement moitié ou le quart, etc., à chaque ouverture de compas ; on établit ensuite la déclinaison de cette ligne comme si le compas la comprenait entièrement ; on place ensuite le rapporteur sur une autre méridienne ou sur une autre perpendiculaire, et avec le compas on fait encore un point appartenant à la ligne demandée, et plus éloignée (du double) que le précédent. On opère de la sorte jusqu'à l'extrémité de la ligne. Comme on prend, par ce procédé, plusieurs fois l'angle, on est exempt des erreurs qui se produisent en prolongeant des lignes au delà du rayon du rapporteur.

Pour être bien commode, le rapporteur complémentaire doit avoir à son centre C, un petit trou de la grosseur d'un millimètre environ de diamètre, afin de voir par ce trou la trace des méridiennes ou des perpendiculaires sur lesquelles on fait glisser le centre du rapporteur. Quand il n'y a qu'un point, ou simplement deux lignes qui se croisent à son centre, on a plus de difficulté à le saisir.

28. Rapport des angles avec une table des cordes.

Il y a des tables qui donnent la longueur des cordes de chaque angle, celles de Baudusson par exemple. Cette table est faite pour un rayon de 1000 parties. Quand on veut établir un angle pris à la boussole, au graphomètre, ou avec tout autre instrument, on se sert d'une échelle de 1000 parties.

Soit (Fig. 19) un angle de 30° à établir au point A et à la droite de la ligne $A\,B$; on prend 1000 parties que l'on porte sur cette ligne, et au moyen d'une ouverture de compas capable de cette longueur, on décrit l'arc indéfini $b\,C$. On cherche sur les tables à 30° la corde 517,64, longueur que l'on porte, avec le compas, sur l'arc $b\,C$, ce qui donne le point c. Joignant ensuite $A\,c$, on a l'angle demandé.

Les tables des cordes se construisent en prenant le double du sinus de moitié de l'angle. Ainsi la moitié de 30° = 15° dont le sinus = 258,82 que l'on double pour avoir 517,64. Il ne faut pas confondre les log. des sin. avec les sin. eux-mêmes : ces derniers expriment la longueur linéaire des sinus, tandis que les log. des sinus sont les log. de ces mêmes longueurs linéaires.

Je ne conseille pas de suivre ce procédé pour rapporter les angles d'un plan levé à la boussole : en outre qu'il est assez long, il est loin d'atteindre l'approximation que l'on peut obtenir avec le rapporteur complémentaire.

29. Construction du plan.

Quand on a recueilli sur le terrain, tous les éléments nécessaires pour l'établissement du plan que l'on veut construire, on procède, au cabinet, à la construction de ce plan. Ce travail consiste à faire sur le papier une opération analogue à celle que l'on a faite sur le terrain, ainsi qu'on l'a déjà dit.

Les lignes du plan ou directrices, doivent toutes être placées, et le plan fermé, avant d'établir aucun point rattaché à ces lignes, car en dérangeant celles-ci, au cas où le plan ne se fermerait pas, il faudrait déranger tous les détails, ce qui serait fort désagréable. Ces lignes une fois arrêtées, on dessine les détails en élevant les perpendiculaires que l'on a prises sur le terrain, et en donnant à chaque objet la largeur ou la longueur qui lui convient. Il ne faudrait pas donner à un chemin ou à un ruisseau de 2 mètres, une largeur de 4 ou 5 mètres.

Il y a bien des petites sinuosités que l'on a pas relevées sur le terrain, mais le croquis doit les figurer le plus exactement que possible, afin de les reproduire sur le plan.

Les plans se referment rarement quelques précautions que l'on ait prises dans le mesurage des angles et des lignes ; si la différence est peu sensible, et que l'on se referme à 2 ou 3 mètres près, pour des plans d'une médiocre étendue, on considère l'opération comme bien faite. Mais si l'on fermait à 10 mètres ou plus, pour des plans de l'espèce, cela prouverait qu'il y a erreur, et il faudrait revoir le terrain.

Quand on adopte l'opération, voici comment on peut corriger la position de chaque point, pour obtenir la fermeture du plan. Soit (fig. 20) le périmètre 1,2 ..... 10 qui ne se ferme pas. La différence qui existe ici, a été prise excessivement grande afin de mieux saisir sur la figure. Il arrive quelquefois que le plan se referme trop (pour se servir de cette expression, en voulant dire que les deux points se recroisent au lieu de rester éloignés l'un de l'autre) l'opération est identique pour les deux cas.

A partir du point 6 qui est le plus éloigné, on tirera les deux lignes 6 à 1 et 6 à 1′ ; la première se trouve avoir 708 mètres, et la seconde 806. Des perpendiculaires seront élevées à partir de ces lignes sur les sommets du plan. En partant du point 6, on suppose avoir les distances suivantes pour arriver au pied des perpendiculaires de chaque sommet :

2 — 533 m. »		7 — 305 m. »
3 — 388 — »		8 — 427 — »
4 — 282 — »		9 — 557 — »
5 — 128 — »		10 — 704 — »

On prend ensuite la moyenne des deux lignes 708 et 806 qui est 757 que l'on trace de N° 6 en *O*, en passant par la moyenne de l'écartement; et le point *O* remplacera le point 1 du plan.

C'est de cette ligne moyenne que partiront les nouvelles perpendiculaires, pour construire le plan définitif. Ces perpendiculaires conserveront leurs longueurs.

En supposant le point occupé à tort, par le pied de chaque perpendiculaire, exprimé par *a*, on fera, pour obtenir chacun des points véritables la proportion : $708 : 757 : : a : x$, pour le côté qui est trop court; et la proportion suivante pour le côté trop long $806 : 757 : : a : x$.

Effectuant les calculs, les nouvelles distances se trouvent être :

pour 2	. . . . . 569 m. 90.	pour 7	. . . . . 286 m. 50.
3	. . . . . 414 — 90.	8	. . . . . 401 — »
4	. . . . . 301 — 50.	9	. . . . . 523 — 10.
5	. . . . . 136 — 90.	10	. . . . . 661 — 20.

30. Rapport des plans par le calcul.

Quand on rapporte les plans par le calcul, toutes les stations sont rapportées à deux lignes se croisant perpendiculairement. L'intersection de ces deux lignes a lieu à l'une des stations, à la première de préférence. L'une de ces lignes représente la méridienne; l'autre sa perpendiculaire.

On commence par chercher la position du point de la seconde station : ce qui se fait en déterminant de combien il faut remonter ou descendre cette méridienne, pour arriver à un point où l'on doit élever une perpendiculaire atteignant la station N° 2 ; et quelle est la longueur de cette perpendiculaire qui sera élevée dans le sens Est, ou dans la direction Ouest.

Le même calcul a lieu pour toutes les lignes du plan.

On remonte la méridienne (nous disons qu'on la parcourt du Sud au Nord), quand les déclinaisons sont Nord, Nord-Est ou Nord-Ouest ; on la redescend quand les angles sont Sud, Sud-Est, ou Sud-Ouest.

Les perpendiculaires s'élèvent à l'Est quand les déclinaisons sont Est, Nord-Est ou Sud-Est ; elles s'élèvent à l'Ouest quand elles sont Ouest, Nord-Ouest ou Sud-Ouest.

On appelle ces deux sortes de lignes les *ordonnées* d'un point.

Pour abréger, on désigne les mots Nord, par *N;* Nord-Est, par *N E;* Nord-Ouest, par *N O;* Sud, par *S;* Sud-Est, par *S E;* Sud-Ouest, par *S O;* Est, par *E;* et Ouest par *O.*

Résolution du calcul de la première ligne de notre plan (12) : nous aurons ici, une déclinaison *N E.* Le calcul se résume à résoudre le triangle *A P B* (Fig. 24). voyez N° 20, problème III.

Pour avoir la ligne allant dans le sens de la méridienne et que nous appelerons *méridienne,* on ajoute le log. cosinus de l'angle levé à la boussole au log. de la longueur de la ligne séparant les deux stations, et après avoir retranché 10 à la caractéristique, le reste représente le log. de la ligne cherchée,

La longueur de la perpendiculaire s'obtient en ajoutant le log. sinus de l'angle levé, au log. de la ligne séparant les deux stations, et 10 étant retranchés de la caractéristique, on se trouve avoir le log. de la ligne demandée.

Comme il faut à chaque calcul, retrancher 10 à la caractéristique, on s'abstiendra de les faire figurer dans l'addition.

31. Calcul des stations du plan.

Nous allons calculer toutes les stations du plan levé (12), en mettant en première ligne horizontale l'indication des stations ainsi que la direction des lignes.

La seconde ligne au-dessous de la barre, contient, dans la colonne à gauche les degrés et minutes pris à la boussole, la seconde colonne contient le cos. de cet angle, et la troisième et dernière colonne, exprime le sinus du même angle.

La troisième ligne comprend, à gauche la longueur de la ligne dont on s'occupe, et dans les deux colonnes suivantes, au-dessous du cos. et du sin., le log. de cette longueur.

La quatrième ligne est le résultat des deux additions, abstraction faite des 10 unités qu'on a retranchées à la caractéristique de chaque log.

La cinquième ligne donne à gauche, la longueur de la méridienne, avec l'indication *N* ou *S*; et à droite, la longueur de la perpendiculaire avec l'indication *E* ou *O*.

1 — 2 N E

44°.50'	9.83524	9.84566
174 .20	2.24105	2.24105
	2.09429	2.08671
	124.25 *N*	122.10 *E*

4 bis — 5. N O

58°.20'	9.72014	9.92999
208 .40	2.51890	2.51890
	2.03904	2.24889
	109.41 *N*	177.57 *O*

8 — 9 S O

75°. »	9.46594	9.98060
469. 80	2.67191	2.67191
	2.13785	2.65251
	157.56 *S*	449.27 *O*

2 — 3 N E

10°.50'	9.99249	9.27403
112 .55	2.03154	2.03154
	2.04355	1.32559
	110.54 *N*	21.15 *E*

5 — 6 N E

62°.45'	9.66075	9.94891
154 . »	2.18752	2 18752
	1.84827	2.13645
	70.51 *N*	136.91 *E*

9 — 10 S O

20°.40'	9.97111	9.54769
285 . »	2.43179	2.43179
	2.42290	1.99948
	264.79 *S*	99.88 *O*

3 — 4 N E

68°.15'	9.56886	9.96793
84 .50	1.92585	1.92585
	1.49469	1.89576
	51.24 *N*	78.50 *E*

6 — 7 O

90° »	»	»
88 »	»	»
	»	88 *O*

10 — 11 S E

80°.25'	9.22157	9.99590
550 . »	2.31851	2.31851
	1.75988	2.31241
	54.94 *S*	525.59 *E*

4 — 4 bis. N O

21°.45'	9.96793	9.56886
0 .80	9.90509	9.90509
	9.87102	9.47195
	0.74 *N*	0.50 *O*

7 — 8 N E

14°. »	9.98690	9.58368
122 . 60	2.08849	2.08849
	2.07359	1.47217
	118.96 *N*	29.66 *E*

11 — 1 départ S E

45°.01'	9.86401	9.85392
148 .48	2.17166	2.17166
	2.05367	2.00558
	108.56 *S*	101.29 *E*

Dans l'addition de la ligne 4 à 4 bis, on a mis 9 à la caractéristique au lieu de *moins* 1. On se rappelle que tous les nombres qui n'ont pas plus que des dizaines d'unité, ont à la caractéristique — 1, ou 9; les nombres qui n'ont que des centièmes ont à la caractéristique — 2 ou 8 etc. : il faut seulement se rappeler que l'on a ajouté 10 de trop à cette caractéristique.

Quand les lignes vont directement dans le sens de la méridienne ou de la perpendiculaire, comme celle 6 à 7 ci-contre, il n'y a aucun calcul à faire : la longueur prise sur le terrain s'applique alors dans la direction indiquée.

32. Addition des signes semblables.

Les stations étant toutes calculées, il faut les lier les unes aux autres de manière à pouvoir établir la position de chacune d'elles, relativement à la méridienne et à la perpendiculaire, dont nous avons placé ici l'intersection à la première station. Ce travail consiste à additionner les nombres de signes semblables, et à retrancher ceux qui sont opposés, au fur et à mesure qu'on les rencontre.

Mais avant de faire cette opération, il est bien de vérifier si le plan se ferme, opération qui se fait en additionnant les signes semblables. Cette addition doit présenter le même nombre au signe N, qu'au signe S, et le même au signe *E* qu'au signe *O.*, autrement le plan ne se fermerait pas.

Addition des signes semblables.

Nº	*N*	Nº	*S*	Nº	*E*	Nº	*O*
2	124.25	9	137.56	2	122.10	4 bis	0.30
3	110.54	10	264.79	3	21.15	5	177.37
4	31.24	11	54.94	4	78.30	7	88. »
4 bis	0.74	1	108.56	6	136.91	9	449.27
5	109.41			8	29.66	10	99.88
6	70.51			11	325.39		
8	118.96			1	101.29		
—	565.65	—	565.65	—	814.80	—	814.82

Le résultat que nous venons d'obtenir ne laisse rien à désirer, car le plan se referme à 2 centimètres près. Il arrive souvent qu'on se referme à plusieurs mètres tant aux premiers signes qu'aux seconds : il faut dans ce cas, retrancher proportionnellement, à tous les signes qui ont trop, tandis qu'on ajoute dans la même proportion aux signes trop faibles. Exemple : Si nous avions eu pour résultat 566,65 au Nord, et 564,65 au Sud, il aurait fallu retrancher un mètre sur les sept signes Nord, et en ajouter un sur les 4 signes Sud. Ces répartitions se font proportionnellement à l'importance des nombres. On agirait de la même manière à l'égard des signes Est et Ouest, s'ils ne concordaient pas.

33. Position respective de chacun des points des stations du plan.

La position de la station 1 doit avoir zéro ; c'est le point de départ, où l'intersection de la méridienne et de la perpendiculaire a lieu.

La *station* 2 sera	124.25	*N* et	122.10	*E*
La ligne de 2 à 3.....	110.54	*N* —	21.15	*E*
Station 3	234.79	*N* et	143.25	*E*
La ligne de 3 à 4.....	31.24	*N* —	78.30	*E*
Station 4	266.03	*N* et	221.55	*E*
La ligne de 4 à 4 bis...	0.74	*N* —	0.30	*O*
Station 4 bis	266.77	*N* et	221.25	*E*
La ligne de 4 bis à 5..	109.41	*N* —	177.37	*O*
Station 5	376.18	*N* et	43.88	*E*
La ligne de 5 à 6.....	70.51	*N* —	136.91	*E*
Station 6	446.69	*N* et	180.79	*E*
La ligne de 6 à 7.....	» . »	—	88.00	*O*
Station 7	446.69	*N* et	92.79	*E*
La ligne de 7 à 8.....	118.96	*N* —	29.66	*E*
Station 8	565.65	*N* et	122.45	*E*
La ligne de 8 à 9	137.36	*S* —	449.27	*O*
Station 9	428.29	*N* et	326.82	*O*
La ligne de 9 à 10	264.79	*S* —	99.88	*O*
Station 10	163.50	*N* et	426.70	*O*

Station 10	163.50 *N*	et 426.70 *O*
La ligne de 10 à 11 ...	54.94 *S*	— 525.39 *E*
Station 11	108.56 *N*	et 101.31 *O*
La ligne de 11 à 1 ...	108.56 *S*	— 101.29 *E*
Le plan se ferme à...	» . »	et 0.02 *O*

La ligne de 8 à 9 ayant présenté 449,27 *O*, tandis que la station 8 n'avait que 122,45 *E*, on a retranché ce dernier nombre de 449,27 et le reste a pris le signe Ouest.

34. Établir un plan au moyen des calculs qui précèdent.

La manière de s'y prendre pour construire un plan dont on a les ordonnées est si simple, qu'on n'a qu'à jeter les yeux sur la figure 42 pour en voir tout le mécanisme. Il faut dire cependant, qu'on doit apporter un grand soin pour l'établissement des méridiennes et des perpendiculaires, car toute la construction du plan s'appuyant sur ces lignes, si celles-ci ne sont pas bien établies le plan ne répondra pas aux résultats que l'on a obtenus du calcul.

Il doit être inutile de dire que les stations qui ne peuvent être nécessaires au plan, ou à sa construction, peuvent être négligées dans le rapport de ce plan. On a quelques fois de grandes lignes à établir pour lesquelles on a été obligé d'en construire intermédiairement plusieurs autres sur le terrain : on ne fera pas figurer ces lignes intermédiaires sur le plan, à moins qu'elles ne servent à fixer des perpendiculaires ou autres lignes. Il est quelque fois utile d'avoir la déclinaison et la longueur d'un ligne de l'espèce ; il sera démontré N° 35 et 36 , comment on peut obtenir ces deux choses.

Si l'on désire avoir les ordonnées d'autres points que ceux des stations, de ceux où l'on a élevé des perpendiculaires par exemple, il sera facile de les obtenir. *Exemple :* On demande la position de l'angle Nord de la maison qui se trouve à droite de la ligne 9 à 10.

On parcourt une distance de 85 mètres sur cette ligne avant de rencontrer le pied de la perpendiculaire élevée sur l'angle de la maison. Nous aurons donc à cherche : 1° la position du pied de cette perpendiculaire par un des mêmes calculs que nous avons fait N° 31 ; la déclinaison de la ligne de 9 à 10 $= 20° 40' S O$

ci . . . . $20° 40' = 9.97111$ et 9.54769

log . . . . . . 85 » $= 1.92942 = 1.92942$

$1.90053 = 1.47711$ ce qui donne . . . . $79.53 S$ et $30.00 O$

La position du point 9 étant :

$428.29 N$ et $326.82 O$

Si on y ajoute les résultats ci–haut . . . . $79.53 S — 30.00 O$

On aura . . . . $348.76 N$ et $356.82 O$ qui est la position du pied de la perpendiculaire.

Il faut faire le même calcul pour la perpendiculaire, mais comme nous n'avons pas pris sa déclinaison avec la boussole, il faut la chercher au moyen de la figure 22.

En construisant la figure de la ligne 9 à 10 et faisant passer la flèche indicative de la déclinaison de cette ligne, au pied de la perpendiculaire nous reconnaissons que l'angle cherché est le complément de 20 °, 40 ′, ou 69 ° 20 ′ et que de plus cette déclinaison est *N O*.

Nous aurons donc 69 ° 20 ′ $=$ 9.54769 et 9.97111
La perpendiculaire 25 m. » $=$ 1.39794 — 1.39794

$$\overline{}$$
0.94563 $=$ 1.36905
ce qui donne . . . . 8.82 *N* et 23.59 *O*
La position du pied de la perpendiculaire étant :
348.76 *N* et 356.82 *O*
Résultat ci-haut . . . . . . 8.82 *N* $=$ 23.59 *O*

$$\overline{}$$
On aura . . . . 357.58 *N* et 380·21 *O*
pour la position de l'angle de la maison.

35. Problèmes ressortant des plans calculés.

Trouver par le calcul, la distance entre deux points quelconques du périmètre, ainsi que l'angle de déclinaison de la ligne qui les joint. On conçoit dès le principe, qu'il faut établir la différence de position des deux points donnés : c'est-à-dire qu'on cherche de combien l'un des deux points est plus au Nord ou au

Sud, à l'Est ou à l'Ouest que l'autre. Soit par exemple la déclinaison et la distance de la station 2 à la station 8. Ces deux stations ayant les mêmes signes, il est évident qu'il faut soustraire l'un de l'autre pour avoir leur position respective, base du calcul. En effet la station 2 étant déjà à 124 m. 25 au Nord, on doit retrancher ce nombre de 565,65 qui est la position du point 8 : on obtient 441,40.

Le même point 2 étant à 122,10 à l'Est, et le point 8 à 122,45 dans la même direction, leur différence sera 0,35.

Le point 8 par rapport au point 2, sera donc de 441,40 N et 0,35 E.

Si les points donnés avaient des signes contraires, c'est-à-dire que l'un fut Nord et l'autre Sud, que l'un fût Est et l'autre Ouest, on les ajouterait au lieu de soustraire l'un de l'autre, pour avoir la différence de leur position respective.

La question est donc réduite à trouver l'hypoténuse d'un triangle rectangle ayant pour l'un de ses côtés 441,40 et pour l'autre 0,35. La déclinaison, en partant de la station 2, sera Nord puisque la station 8 est plus au Nord qu'elle, et de plus elle sera Est puisque la station 8 est plus à l'Est que la station 2.

Appelons m la méridienne (ici 441,40)) connues.
    » p la perpendiculaire (ici 0,35)
    » d l'angle de déclinaison . . . .)
et   » c la ligne qui joint les 2 points) inconnues.

L'angle de déclinaison n'est autre que l'angle aigu opposé au côté p ; or, on sait que dans tout triangle rectangle, le rayon est à la tangente d'un des angles aigus, comme le côté adjacent à cet angle est au côté opposé.

Et pour avoir le côté *c*, on aura : étant donnés les deux côtés de l'angle droit, trouver l'hypoténuse.

D'où nous déduirons les deux formules suivantes :

Log. *p* + *R* — log. *m* = tang. *d*, ce qui donne l'angle cherché
Log. *m* + *R* — cos. *d* = log. *c*, ce qui donne le côté cherché. Appliquons ces formules à notre problème :

$$
\begin{array}{lr}
p \text{ ou } 0.35 \text{ dont le log} \dots \dots \dots & 9.54407 \\
R \text{ à ajouter} \dots \dots \dots \dots & 10.00000 \\
\hline
\text{Somme} \dots \dots \dots & 9.54407 \\
m \text{ ou } 441,40 \text{ dont le log} \dots \dots & 2.64483 \\
\hline
\end{array}
$$

Reste pour la valeur de la tang. *d*. . . . 6.89924 ou 0°02' et 1/4 de minute environ.

Le côté *c* s'obtient :

$$
\begin{array}{lr}
m \text{ ou } 441,40 \text{ dont le log} \dots \dots & 2.64483 \\
R \dots \dots \dots \dots \dots & 10.00000 \\
\hline
\text{Somme} \dots \dots \dots & 12.64483 \\
\text{Cos. } d \text{ ou de l'angle } 0°02'15'' \dots & 10.00000 \\
\hline
\text{Reste pour le log. du côté } c \dots \dots & 2.64483 \\
\end{array}
$$

ou 441,40.

Second exemple.

Prenons pour second exemple de déterminer la longueur qui joint la station 3 à l'angle de la maison, ainsi que l'angle de déclinaison de cette ligne.

La station 3 se trouve déjà remontée dans le sens

Nord de 234,79; l'angle de la maison se trouve avancé dans cette direction de 357,58. Il faut donc retrancher le premier nombre du second, ce qui donne une différence de 122,79.

La station 3 se trouve à 143,25 Est, et l'angle de la maison à 380,21 Ouest. Ces deux points ayant leur direction chacun dans un sens opposé, il est certain qu'il faut ajouter ces deux nombres pour avoir la position respective des deux points. On obtiendra 523,46.

En partant de la station 3 pour arriver à l'angle de la maison on aura une déclinaison $N\ O$, puisque ce dernier point se trouve au Nord et à l'Ouest du premier. Si l'on partait de l'angle de la maison pour aller à la station 3, la déclinaison aurait les signes opposés : elle aurait la désignation $S\ E$.

Cela posé, procédons aux calculs :

$$p = 523,46 \text{ dont le log.} \quad 2.71888$$
$$R \ldots\ldots\ldots\ldots\ldots\ 10.00000$$
$$\text{Somme} \ldots\ldots\ 12.71888$$
$$m = 122,79 \text{ dont le log.} \quad 2.08916$$

Reste pour tang. d . . . 10.62972 ou 76° 48' qui est l'angle de déclinaison demandé.

$$m = 122,79 \text{ dont le log.} \quad 2.08916$$
$$R \ldots\ldots\ldots\ldots\ldots\ 10.00000$$
$$\text{Somme} \ldots\ldots\ 12.08916$$
$$\text{Cos. } d \text{ ou de } 76°48' \ . \ . \quad 9.35860$$

Reste pour c . . . . . . 2.73056 ou 537,72 qui est la distance qui sépare les deux points.

36. Ayant parcouru, au moyen de lignes brisées, un espace quelconque, trouver par le calcul l'angle de déclinaison de la ligne qui joint le premier au dernier point, ainsi que la longueur de cette ligne.

La solution de cette question ne diffère en rien des deux problèmes compris dans le N° 35. Nous donnerons encore celui-ci comme devant servir de troisième exemple.

Nous pourrions prendre une série de lignes et les calculer, mais les stations de notre plan étant toute calculées, nous adopterons notre exemple dans son périmètre. Prenons les cinq premières lignes, ce qui nous mènera à la station 6.

Ce point est à $446,69$ N et $180,79$ E. Il n'y aura rien à retrancher ni rien à ajouter à ces nombres puisque la station 1 est à zéro.

En partant de 1 pour arriver à 6 la déclinaison est $N E$; elle serait $S O$, si l'on partait de 6 pour aller à 1.

$p = 180,79$ dont le log. $+ R =$ $12,25718$

$m = 446,69$ dont le log. . . . . . . $2,65004$

Reste pour tang. d . . . . $9,60717$ ou $22°02'$

$m = 446,69$ dont le log. $+ R$ . . $12,65004$

d ou cos $22°02'$ . . . . $9,96706$

Reste pour c . . . . $2,68295$ ou $481,89$

Nous trouvons que la ligne demandée a pour déclinaison 22° 02′ *NE* en allant d'1 à 6, et pour longueur 481,89.

37. Des angles de déclinaison pris d'1 à 360° et de ceux ramenés aux quatre points cardinaux.

Quelques Géomètres prennent les angles de déclinaison d'1 à 360°, et d'autres notent ces angles comptés aux quatre points cardinaux. Disons tout de suite que la méthode de prendre les angles d'1 à 360°, est la préférable, en ce qu'elle est très-simple et n'astreint l'esprit à aucun effort puisqu'il ne s'agit que d'inscrire le chiffre indiqué par l'aiguille bleue. Quand on suit la marche de noter les angles comptés aux quatre points susdits, on est assujetti à tracer sur chacune des lignes du croquis une flèche servant à reconnaître auquel des quatre angles susmentionnés appartient chaque déclinaison. Cette méthode a les inconvénients suivants : il faut faire attention à ne pas donner une fausse direction à la flèche, de ne pas lui donner par exemple, le sens Nord-Ouest quand elle doit avoir celui de Nord-Est ; malgré toute l'attention qu'on a apportée à donner la direction voulue à ces flèches, il arrive quelquefois qu'on a commis une erreur semblable ; enfin les flèches augmentent la confusion du croquis.

Nous conseillons donc d'inscrire les angles de déclinaison d'1 à 360°, en comptant l'indication donnée par l'aiguille bleue. Cette méthode donne un peu plus de travail quand on est au cabinet parce que les angles doivent être ramenés aux quatre points cardinaux si on veut faire le calcul des stations du plan. Si on rapporte les angles graphiquement, on pourra le faire sans les réduire, en se servant du rapporteur complémentaire.

Voici comment on s'y prend pour ramener les angles aux quatre points cardinaux quand on les a notés d'1 à 360°.

D'1 à 90° les angles sont $N\,O$; de 90 à 180° on retranche l'angle levé de 180° et le reste donne une déclinaison $S\,O$; de 180 à 270°, on retranche 180° de l'angle levé, et le reste est une déclinaison $S\,E$; de 270 à 360°, on retranche l'angle levé de 360°, et on obtient une déclinaison $N\,E$.

Soit a l'angle levé, on a

$$\text{d'} \quad 1° \text{ à } \; 90° \text{ les angles sont } N\,O$$
$$\text{de} \quad 90 \; \text{ à } 180 = 180° - a = S\,O$$
$$\text{de } 180 \; \text{ à } 270 = a \quad -180 = S\,E$$
$$\text{de } 270 \; \text{ à } 360 = 360 \quad - a = N\,E$$

Il arrive quelquefois qu'ayant les angles pris aux quatre points cardinaux, on désire les convertir en déclinaisons d'1 à 360°, voici comme on s'y prend. Soit x l'angle donné aux quatre points cardinaux, et a la déclinaison d'1 à 360°, on aura les angles.

$$N\,O \text{ d'1 à } 90°,$$
$$S\,O = 180 - x = a$$
$$S\,E = 180 + x = a$$
$$N\,E = 360 - x = a$$

CHAPITRE V.

CALCUL DES SURFACES ; DIVISION DES POLYGONES.

38. Calcul des surfaces par la méthode graphique.

Peu de personnes ignorent la manière que l'on emploie pour calculer les surfaces avec le compas et l'échelle : elle consiste à diviser la figure à calculer en triangles ou en parallèlogrammes, après quoi on prend les mesures au compas, pour en faire le calcul. Nous ne nous étendrons pas sur cette méthode, seulement nous dirons que nous donnons la préférence à la manière de diviser la figure à calculer en triangles seulement. On sait que la surface d'un triangle s'obtient en multipliant l'un de ses côtés pris pour base, par la perpendiculaire abaissée du sommet opposé sur ce côté, et qu'on prend moitié du résultat pour la surface de ce triangle. On se trouve quelquefois dans le cas de prolonger la base d'un triangle pour que la perpendiculaire tombe dessus : le résultat en est également le même.

Si le triangle qu'on veut calculer n'est pas trop grand

et que la perpendiculaire abaissée sur sa base puisse se prendre d'une seule ouverture de compas, on n'a pas besoin de la tracer sur le papier; on pose une des pointes du compas sur le sommet du triangle, et on écarte l'autre branche jusqu'à ce que sa pointe décrive un arc tangent à la base du triangle.

Pour éviter la multitude des mesures, on tache qu'une base serve à la mesure de deux triangles autant que possible.

On ne prend pas la moitié du résultat de chaque triangle pour en avoir la surface vraie, on prend la moitié du calcul de tous les triangles ensemble.

Souvent pour vérifier le calcul d'un plan, on enveloppe la figure mesurée d'un parallélogramme ou d'un triangle. Cette dernière figure étant calculée, on en distrait les parties comprises entre ses lignes et celles du plan : le résultat doit être égal à la contenance mesurée intérieurement. S'il y a une petite différence, on peut en prendre la moyenne; mais si cette différence est sensible, il faut rechercher d'où elle provient.

39. Calcul des surfaces par le calcul seul.

Le calcul d'un plan établi par des ordonnées, ne peut-être embarrassant : en jettant les yeux sur la figure 42 on verra qu'on posséde tous les élements nécessaires pour ce travail.

Commençons par la partie Est de la méridienne : la première figure au Sud, se compose d'un triangle ayant pour base 124,25, sur une hauteur de 122,10, ce qui donne un produit de 15170,92 (on prendra moitié de la totalité des calculs, au lieu d'en prendre moitié séparément), ci $\hspace{3cm}$ 15170,92

$\quad$ 2e figure (234,79 — 124,25) = 110,54 $\times$
(122,10 + 143,25) 265,35 .... $\quad$ 29331,79

$\quad$ 3e figure (266,03 — 234,79) = 31,24 $\times$
(143,25 + 221,55) 364,80 .... $\quad$ 11396,35

$\quad$ 4e figure (376,18 — 266,03) = 110,15 $\times$
(221,55 + 43,88) 265,43 .... $\quad$ 29237,11

$\quad$ 5e figure (446,69 — 376,18) = 70,51 $\times$
(43,88 + 180,79) 224,67 .... $\quad$ 15844,48

$\quad$ 6e figure (565,65 — 446,69) = 118,96 $\times$
(92,79 + 122,45) 215,24 .... $\quad$ 25604,95

Nous avons à retrancher de cette dernière figure, le triangle ABC, ci 122,45 $\times$ AC ou 37,44. Cette soustraction se fera à la fin des calculs, et nous démontrerons ensuite la manière de trouver AC.

Passons à la partie Ouest, et commençons par le Nord :

$\quad$ 7e figure (565,65 — 428,29 — 37,44 =
99,92 $\times$ 326,82 .... $\quad$ 32655,85

$\quad$ 8e figure (328,29 — 163,50) = 264,79 $\times$
(326,82 + 326,70) 753,52 199524,56

$\quad$ 9e figure (163,50 — 108,56) = 54,94 $\times$
(426,70 + 101,31) 528,01 .... $\quad$ 29008,87

$\hspace{4cm}$ À reporter...... 387771,88

Report 387771,88

10ᵉ figure 108,56 × 104,51 10998,21

Total 398770,09

A déduire le triangle *A B C* 122,45 × 37,44.   4584,53

Reste 394185,56

Dont moitié pour la vraie contenance, ci 19 h. 70 a. 93 c.

Voyons comment on doit s'y prendre pour déterminer le côté *A C* du triangle *A B C* (Fig. 23). Cette figure se compose de la 6ᵉ et de la 7ᵉ figure du plan.

L'angle *C* de ce triangle est égal à l'angle de déclinaison qu'on a obtenu sur le terrain pour la direction de la ligne 8 à 9, et qui est 73 ° ; l'angle *B* est le cos. de cet angle.

Le côté *A C* s'obtient en ajoutant le cos. de 73 ° ci 9,46594

Au log. de la longueur 122,45 . 2,08796

Somme. . .11,55390   dont il faut retrancher le sin. de 73 ° . . . 9,98060

Reste pour *A C* . . . . . . 1,57330 ou 37,44.

Pour le calcul de la 7ᵉ figure on a la hauteur du pied de la perpendiculaire de la station 8 qui est 565,65 duquel nombre on doit nécessairement retrancher la ligne *A C* = 37,44, plus la hauteur du pied de la perpendiculaire de la station 9 qui est 428,29 : ensemble 465,73 à ôter de 565,65, reste 99,92 pour base de la 7ᵉ figure.

Quand aux petites figures qui sont en dehors des lignes de construction du plan, et qui ont été établies par des perpendiculaires, on les calcule à part pour en ajouter le produit à la contenance du plan. Il est bien entendu que si les perpendiculaires sont rentrantes, et les figures en dedans des directrices, on retranche ces contenances au lieu de les ajouter.

Si les stations ne se trouvent pas sur les limites mêmes du plan, si elles sont en dedans ou en dehors de la figure, le calcul dont on vient de parler devient plus embarrassant. Prenons pour exemple la station 9 que nous désignerons par B (Fig. 24). La fin de la ligne 8–9 n'a rien de difficile à calculer : le tout se résout à multiplier 19,80 par 15. » Mais le commencement de la ligne 9 à 10 est plus embarrassant; il faut chercher la perpendiculaire abaissée du point a sur $B\,C$. L'angle $A\,B\,C$ que nous obtenons d'après la déclinaison des deux lignes 8 à 9 et 9 à 10, est de 127°40'; le supplément de cet angle sera égal à l'angle $a\,B\,C$ ou 52°20'. La perpendiculaire demandée s'obtiendra en ajoutant au sinus de 52°20' ci 9,89849

Le log. de la longueur de la ligne $B\,a$ = 8 » 0,90309

Somme . . .10,80158 dont il faut retrancher le rayon 10,00000

Reste. . . 0,80158 ou 6,33 qui est la valeur de la perpendiculaire demandée.

Mais si le chemin $g\,a\,C$ qui rejoint la ligne 9 à 10, au point C, s'était trouvé à ce point éloigné perpendiculairement à cette ligne d'une quantité $C\,f = 12$ mètres par exemple, il aurait fallu chercher à quelle distance tombe la perpendiculaire sur $B\,C$; calculer

1° ce petit triangle; prendre ensuite la moyenne entre la perpendiculaire et la hauteur $C f$ pour être le multiplicateur de l'excédant de la ligne $B C$.

$C f$ étant supposée d'une longueur de 12 mètres, et résolvant les calculs, on obtient la distance à laquelle tombe la perpendiculaire (cos. 52 ° 20' $+$ log. 8 — R) $=$ 4,89 que l'on multiplie par 6,33; ensuite 31 — 4,89 $=$ 26,11 que l'on multiplie par (6,33 $+$ 12) 18,33. On prend moitié du résultat des deux multiplications pour avoir la contenance vraie.

Si le chemin passait en dedans du plan, partant de A pour se diriger sur d, à l'extrémité d'une perpendiculaire de 12 mètres, élevée en C, à 31 mètres du point B, sur la ligne 9 à 10, on aurait 1 ° à retrancher l'angle $d B C = 21 ° 10'$ (log. 12 $+ R$ — log. 31 $=$ tang. $d B C$, voyez N° 19 problème II), de l'angle ABC ou 127 ° 40' reste 106 ° 30' pour valeur de l'angle $A B d$; 2° trouver le côté $B d$ ($R + $ log. 12 — sin 21 ° 10'$, voyez N° 19 problème II) $=$ 33,23.

Il reste à résoudre le triangle $A B d$ dont on a les deux côtés $A B = 11$ m. 80 et $B d = 33,23$, plus l'angle compris entre ces côtés $=$ 106 ° 30' (voyez N° 20 problème III). Après avoir effectué les calculs on trouve l'angle $B A d = 56 ° 19'$ et l'angle $A d B = 17 ° 11'$, de plus le côté $A d = 38,29$. Il nous faut encore la perpendiculaire abaissée du point B sur $A d$: nous trouvons qu'elle a une longueur de 9 m. 82.

Tous ces petits calculs prennent beaucoup de temps, c'est pourquoi on les fait ordinairement à la méthode graphique, pour ce qui concerne les parties semblables à celles qui précèdent. Si l'échelle à laquelle on a construit le plan est petite, on peut établir partiellement ces parties-là, sur une feuille à part, et à une grande échelle, afin d'avoir une approximation raisonnable.

Si une ligne traversait une directrice comme le fait fh, on aurait deux triangles dont l'un serait en dedans et l'autre en dehors du plan. On reconnaît que ces deux triangles sont semblables et leurs côtés homologues proportionnels : on aura $hk + fC : Ck :: Cf : Cj$, et $hk + fC : Ck :: hK : jk$. (Même figure 24.).

40. Encore quelques explications.

Une seule perpendiculaire et une seule méridienne ne suffisent pas pour dresser un plan dont on a calculé les stations, il faut en établir en proportion de son étendue. On les espace de 100 ou 200 mètres sur la feuille de papier. Il faut les établir bien régulièrement, car on ne mesure pas toujours à partir de celles passant par la première station : quand le plan s'étend un peu, on s'appuie sur celles qui sont les plus rapprochées des points que l'on veut fixer.

Si l'on avait un ou plusieurs points à déterminer à l'intérieur ou à l'extérieur du plan ; qu'on ait recoupé ces points comme on l'a fait pour le point A, depuis les deux extrémités de la ligne 10 à 11, voici comment on s'y prendrait pour calculer ces points.

A l'aide de la figure 25 bis, on trouvera facilement les trois angles du triangle que l'on déduira par compléments et suppléments des angles levés sur le terrain. L'angle A est le complément de $B + C$.

Le côté $A C = $ sin. 27 ° $+$ log. 320 — sin. 94 ° 45 ′ $= 2,16369 = 145,80$.

Le côté $A B = $ sin. 58 ° 15 ′ $+$ log. 320 — sin. 94,45 $= 2,43624 = 273,15$.

Nous rappelons pour ceux qui ne s'en souviendraient pas que les angles dépassant l'angle droit ont des sinus égaux à ceux des angles de leur supplément : ainsi nous avons pris le sin. de l'angle 85 ° 15 ′ qui est égal à celui 94 ° 45 ′.

41. Manière de ramener les lignes ainsi que les contenances à leur juste valeur, quand on s'est servi d'une chaîne inexacte pour le mesurage.

Si l'on s'est servi d'une chaîne trop longue ou trop courte pour le mesurage d'un terrain, voici la manière de s'y prendre pour corriger la différence qui doit en résulter.

Si l'on s'aperçoit du défaut de la chaîne avant le rapport du plan, on pourra corriger la longueur de chaque ligne mesurée, *en multipliant chaque longueur par la valeur de la chaîne, et divisant par dix.* Exemple : une ligne de 146 m. 50 a été donnée par le me-

surage, en se servant d'une chaîne n'ayant que 9 m. 96;
quelle est la longueur vraie de cette ligne? On multiplie 146,50 par 9,96 et le résultat divisé par 10 donne
145,914, ou simplement 145,90, pour vraie longueur
de cette ligne. On peut encore obtenir le même résultat en multipliant la longueur *fausse* de la ligne, par
la différence qui existe sur la chaîne, diviser par dix et
retrancher ce produit de la longueur de la ligne fausse,
si la chaîne est trop courte, et l'ajouter *si elle est trop
longue*. Soit notre ligne de 146,50 mesurée avec une
chaîne de 9,96 ou 0,04 en moins que les 10 mètres,

nous aurons $\dfrac{146,50 + 0,04}{10} = 0$ m. 586 à retrancher

de 146,50, reste 145,914.

Si la chaîne dont on s'est servi avait eu 10 m. 08,
on aurait multiplié 146,50 par 10,08, et en divisant
par 10, la vraie longueur de la ligne serait devenue
147 m. 672. Ou bien ajoutant le produit divisé par 10
de 146,50 par 0,08, ci 1 m. 172, ce qui donne la même
longueur de 147 m. 672.

Si l'on ne s'aperçoit du défaut de la chaîne qu'après
la construction du plan, ou bien que l'on ne tienne
pas aux justes proportions du plan avec le terrain,
qu'on puisse se contenter de la contenance réelle, on
multipliera la contenance trouvée par le carré de la
longueur de la chaîne employée, divisant ce résultat
par cent, on aura la vraie contenance. Exemple : on a
mesuré un terrain avec une chaîne de 9 m. 96, et on a
trouvé 386 hectares. Quelle est la vraie contenance?
On multiplie 9,96 par 9,96 pour avoir le carré 99,216

que l'on multiplie par 386, et divisant par cent, on a
382 h. 92 a. pour la vraie contenance.

Ces calculs sont beaucoup plus faciles par les logarithmes. La longueur de la chaîne étant de 9,96 on
double son log. pour en avoir le carré, ci 1,99652 auquel on ajoute le log. du nombre d'hec-
tares 386 2,58659
                                              ───────────
          On a . . . . 4,58311 qui
représente un nombre qu'il faut diviser par cent. Or,
en ôtant 2 à la caractéristique d'un log., c'est diviser
le nombre qu'il représente par cent, il nous reste
2,58311 qui correspond à 382 h. 92 a.

12. Division des polygones.

Diviser un plan en un certain nombre de parties
égales, ou dans des proportions données, est une des
opérations les plus faciles, et en même temps une des
plus délicates de l'arpentage : elle est facile en ce que
la division en elle-même ne présente aucune difficulté ; elle est délicate parce que l'opérateur consciencieux tiendra à apporter à son travail le plus que possible de facilité pour l'extraction des produits de chaque parcelle. Au lieu de faire des divisions qui figurent
bien à l'œil sur son plan, il étudiera le terrain préala-
blement, et il donnera à ses divisions les formes les
plus convenables afin que les intérêts de chaque par-

celle ne souffre que le moins possible de la position
des lieux combinée avec les intérêts des parcelles voisines.

Il paraîtrait que les anciens Géomètres ne s'inquié-
taient guères de ces prévisions, car combien ne voyons-
nous pas d'aménagements de forêts présentant des
coupes avec des formes tout-à-fait contraire aux dispositions du terrain.

Pour éviter ces inconvénients, on doit faire précéder aux divisions du plan, un levé topographique des
lieux afin d'avoir le relief du terrain, rendu au moyen
des courbes horizontales dont il sera parlé dans la partie du nivellement. Si ce levé n'est pas complet, il doit
au moins représenter les formes principales des lieux,
tels que les lignes de faîte, les ravins et les arêtes des
collines.

Si on ne fait pas de levé topographique, on doit
prendre la direction des lignes de plus forte pente du
terrain, afin d'être guidé dans la direction à donner
aux divisions qui ne doivent pas, autant que faire se
peut, aller en travers des pentes. C'est ordinairement
cette dernière marche que l'on suit quand on veut éviter de faire un nivellement par courbes horizontales,
travail qui est bien plus long.

Les chemins existants doivent aussi être consultés
pour la division d'un plan : chaque parcelle doit aboutir à ces chemins ou les traverser, à moins que d'autres circonstances n'y apportent obstacle.

En conséquence de ce qui vient d'être dit, l'arpenteur devra donner aux divisions de son plan des direc-

tions telles que chaque parcelle de terrain puisse se défruiter le plus facilement que possible, sans passer à travers les parcelles voisines ; que si ces conditions ne peuvent être remplies, on recherche le moyen de s'en tirer le moins onéreusement.

Quand on est fixé sur la direction à donner aux lignes de division, voici comment on calcule chaque parcelle.

43. Exemple pour la division d'un plan.

Quand une pièce de terrain doit être partagée en un certain nombre de parties, il faut d'abord faire le calcul de la pièce entière afin d'en déduire la contenance de chaque parcelle. En faisant le calcul de la pièce entière, on cherche à donner aux triangles des divisions telles qu'ils puissent être utiles aux subdivisions : si toutes les parcelles devaient aboutir en un point O (fig. 26), on diviserait la figure par triangles aboutissant à ce point, comme l'indique la figure.

Si l'on avait un terrain à diviser en 25 parties égales, par exemple, (fig. 27), et que ce terrain contînt 98 h. 75 a., chaque portion serait de 3 h. 95 a. On est convenu que les divisions se feraient suivant la largeur entière du terrain, c'est pourquoi on a disposé les triangles à cet effet, ainsi que l'indique la figure qui ne représente que la partie Est du plan. Si les parcelles avaient dû s'arrêter au chemin *A B,* on aurait fait aboutir les triangles à l'axe de ce chemin.

Chaque lot étant de 3 h. 95 a., nous doublerons cette contenance afin d'être dispensé de prendre moitié de celle de chaque triangle, ce qui nous donnera 7,90 auquel nombre nous ajouterons deux zéros pour avoir les chiffres représentant les centiares ou mètres carrés. Ainsi chaque portion sera représentée par 79000.

On additionne les triangles jusqu'à ce qu'on ait assez pour une parcelle : ainsi les triangles

N° 1..... 19408 donnent 79000, ce qui fait juste
   2..... 20328 une portion, et de plus on est
   3..... 28512 convenu de laisser *a b* pour la
   4.....　2772 division séparant les parcelles
   5.....　7980 N° 1 et 2.

Les triangles
N° 6..... 11210
   7..... 11610 donnent 57066 auquel il faut
   8.....　3588 ajouter　21934 pour avoir un
   9.....　5050 lot $=$ 79000
  10..... 25608

On est convenu que la ligne séparant les parcelles N° 2 et 3 partirait du point *c.* Nous prendrons *c c'* pour base d'un triangle devant contenir 21934 ; nous diviserons ce nombre par la longueur de la base 291 mètres, ce qui nous donne 75 m. 37 pour la hauteur du triangle. Comme l'angle *c c' d* est obtus et que c'est sur la ligne *c' d* que doit être le sommet du triangle, on prolonge la base *c c',* et ayant ouvert le compas d'une quantité de 75 m. 37, on pose l'une de ses pointes en un point *d* de telle sorte que l'autre pointe puisse décrire un arc de cercle tangent à la base *c c'* prolongée. La division *c d* sera celle que l'on demande.

Additionnant ensuite les triangles suivants :

11	48600	On obtient 131365 dont il faut
12	4158	ôter pour autant pris par la division *c d*, sur les triangles 11,
13	8736	12 et 13, ci 21934, reste
14	40824	109431 dont il faut distraire
15	9100	30431, pour avoir un reste
16	19947	79000 égal à un lot.

Or, on est convenu que la ligne de division partirait du point *e* : tirant une ligne *e e'*, on a un triangle *e g e'* qui contient 13467 à déduire de 30431, reste 16964 à retrancher. Il s'agit de trouver la hauteur du triangle qui a pour base *e e'* = 402 mètres, et devant contenir 16964 : Après la division faite on trouve la hauteur du triangle = 42 m. 20 que l'on prend avec le compas dont on pose une des pointes en un point *f*, de manière que l'autre pointe puisse décrire un arc de cercle tangent à la base *e e'* (on n'a pas tracé cette base sur la figure, afin de ne pas confondre cette ligne avec les divisions des triangles).

Il reste, des triangles 14, 15 et 16, une quantité de 30431 qui comptera pour la parcelle suivante.

Si le terrain que l'on divise est une forêt, il est nécessaire d'ouvrir des laies de division : on cherche alors, avec le rapporteur, le nombre de degrés et minutes que chaque ligne présente de déclinaison ; puis, sur le terrain, on stationne au point de départ de la ligne ; on tourne la boussole jusqu'à ce que l'aiguille marque la

7

déclinaison demandée ; après quoi on fait planter dans la direction des fils de la lunette , plusieurs jalons qui servent à continuer la ligne. Quand cette ligne est longue on replace de temps à autre , la boussole , afin de s'assurer qu'on n'a pas dévié.

Si le plan a été établi par le calcul et qu'on ait la position de tous les sommets du périmètre, au lieu de prendre la déclinaison des lignes au rapporteur, on peut calculer ces déclinaisons comme on l'a fait pour les problèmes contenus dans le N° 35. Exemple : le point d relativement au point c, est à 304 m. 70 S et 147 m. 20 O ; effectuant les calculs on trouve que la déclinaison est de 25 ° 47 ' $S\,O$, en partant de c.

Les commençants sont quelques fois embarrassés et peuvent prendre la direction $N\,O$ au lieu de $N\,E$, et $S\,O$ au lieu de $S\,E$, c'est pourquoi on les engage à compter les angles d'1 à 360 °, ce qui est beaucoup plus clair sur le terrain. Pour avoir la déclinaison ainsi comptée, on a pour 25 ° 47 ' $S\,O$, une valeur de 154 °, 13 ' (180 ° — 25 ° 47 ', voir N° 38). On se rappelle que c'est toujours à partir de l'aiguille bleue que sont comptées les déclinaisons prises d'1 à 360 °.

44. Séparer par une laie ou tranchée, une contenance donnée.

Quand on possède le plan du terrain dont on doit séparer une certaine quantité, après être fixé sur la direction à donner à la ligne de division, on calcule sur le plan, la contenance demandée; puis on cherche la déclinaison de cette ligne, et on termine l'opération sur le terrain, comme il a été dit au numéro précédent.

Si le plan du terrain n'est pas fait, on levera et on rapportera sur le papier toute la partie qu'on présume devoir être occupée par la contenance demandée. On a alors un plan qui n'est pas complet puisqu'il y manque la ligne qui figure la tranchée (nous supposons que ce terrain est une forêt, autrement on pourrait fermer le plan avant de le rapporter, sauf à en retrancher ou en ajouter, en après, pour donner la contenance voulue); on tire cette ligne sur le papier, comme si elle était mesurée, après avoir calculé la contenance voulue. On doit apporter beaucoup d'attention aux mesurages de cette espèce, attendu qu'on ne peut voir si on se ferme avant d'avoir fait la tranchée qu'il ne faudra pas omettre de mesurer ensuite.

Les tranchées que l'on ouvre, en partant d'un point donné, pour arriver à un autre point, tombent rarement sur ce dernier : si l'écartement n'est pas sensible, et que la portion ou les portions que l'on délimite puissent être de quelques ares plus grandes ou plus petites les unes que les autres, on laisse le résultat tel que, toutefois sans omettre de prendre note de la distance à laquelle tombe chaque ligne du point voulu, afin de rétablir sur le plan, la place que chacune occupe sur le terrain, et de faire la correction nécessaire à la contenance.

Si les contenances des parcelles doivent être parfaitement égales, on se servira du procédé expliqué au N° 14, pour corriger la déviation des lignes.

Si la tranchée que l'on doit faire pour séparer une partie du restant d'une forêt, est très-longue par rapport à la largeur, le Géomètre, crainte de donner une contenance trop forte ou trop faible, tirera une ligne $a\,b$ perpendiculaire à $A\,B$, (Fig. 28). Le point b étant au milieu de la longueur de la ligne, on partira de ce point pour tracer $b\,A$, après quoi on tracera $b\,B$. Si le point A tombe un peu plus loin ou un peu plus près que le point qui lui était désigné, le point B tombera aussi un peu plus près ou un peu plus loin, mais dans un sens opposé, de manière que la contenance restera à peu près telle qu'on la demandait.

Il en est de même pour tracer $C\,D$ (même Fig. 28), on donne à $b\,c$ une longueur convenable, et on opère comme ci-dessus.

45. Partager un trapèze en parties parallèles à ses bases.

Un trapèze est un quadrilatère $A\,B\,C\,D$ (Fig. 29) dont deux côtés seulement sont parallèles : nous appelons ces deux derniers les bases du trapèze.

Il est clair que les lignes $A\,D$, $B\,C$ suffisamment prolongées se rencontreront en un point S; on aura alors le triangle $A\,S\,B$, et la question se réduit à partager ce triangle en parties parallèles à sa base $A\,B$. On trouvera la longueur $b\,S$ par la proportion :

$A\,B - D\,C : D\,C :: a\,b : b\,S$. Les triangles $S\,A\,B$ et $S\,D\,C$ sont semblables et ont leurs côtés homologues proportionnels. Or *deux triangles semblables sont entr'eux comme les carrés des côtés homologues.* On en conclut les proportions : La surface de $S\,D\,C$: la surface de $S\,A\,B :: \overline{S\,D}^2 : \overline{S\,A}^2, : \overline{S\,b}^2 : \overline{S\,a}^2, : \overline{S\,C}^2 : \overline{S\,B}^2, : \overline{C\,D}^2 : \overline{A\,B}^2$.

Résolvons ce problème par chiffres : nous supposerons $A\,B = 360$, $D\,C = 270$ et $a\,b$ 80, et nous aurons $A\,B - D\,C : D\,C :: a\,b : b\,S$.

$$90 \quad : 270 :: 80 : x \;\text{, d'où } x = 240.$$

La surface du petit triangle $S\,D\,C = \dfrac{270 \times 240}{2}$
$= 32400$.

La surface du grand triangle $S\,A\,B = \dfrac{360 \times (80 + 240)}{2}$
$= 57600$.

Si nous retranchons du grand triangle. . . . 57600
La surface du petit triangle 32400

Il nous restera. 25200

qui est la superficie du trapèze $A\,B\,C\,D$ (on aurait aussi la surface de ce trapèze, en multipliant sa hauteur 80 par la moyenne de ses bases qui est 315).

Soit par exemple proposé de partager ce trapèze en deux parties égales en contenance : chaque part sera égale à 12600. Ajoutons ce nombre à la surface du petit triangle 32400, et nous aurons 45000. Ensuite

nous dirons : 32400 : 45000 : : 240^2 : x^2; et au moyen
des logarithmes, nous avons log. de 45000,   4,65321
auquel on ajoute le double du log. 240 pour
en avoir le carré........................   4,76042

        Somme.........   9,41363
dont on déduit le log. de 32400.........   4,51055

        Reste.............   4,90308

qui représente le log. du carré de la ligne cherchée.
On se rappelle qu'en prenant moitié du log., c'est extraire la racine carrée du nombre qu'il représente,
nous avons cette moitié $= 2{,}45154$ ou 282,84. Il faudra donc descendre la ligne $S\,a$ à une profondeur de
282,84 pour arriver à un point par lequel on mènera
une parallèle à $A\,B$, laquelle divisera le trapèze en
deux parties égales.

Si on veut avoir la longueur de cette ligne on fera
la proportion : surface $S\,D\,C$: surface $S\,D\,C + 12600$
$: 270^2 : x^2$, ou bien en chiffres 32400 : 45000 : : 270^2
$: x^2$.

    Log. 45000..............   4,65321
    Log. 270^2...............   4,86272

        Somme......   9,51593
    Log. 32400..............   4,51055

        Reste.......   5,00538 dont
moitié...................... $2{,}50269 = 318{,}19$.

On opère sur les lignes latérales comme nous venons de le faire sur la perpendiculaire abaissée sur la
base $A\,B$; il s'agit seulement d'avoir les longueurs de
ces lignes et le calcul est absolument le même.

Nota. Un cône ou une pyramide tronquée présente absolument le même calcul, à la seule différence qu'au lieu d'opérer sur des carrés et des racines carrées, on opère sur des cubes et des racines cubiques.

Soit notre même figure 29 représentant une pyramide quadrangulaire tronquée ayant pour sa base inférieure 360×360, et pour sa base supérieure 270×270; la hauteur du tronc de pyramide $= 80$. La hauteur du point S se trouvera comme dans le calcul précédent.

Le volume de la pyramide entière sera
$$\frac{360^2 \times 320}{3} = 13824000$$

Le volume de la petite
$$\text{pyramide} = \frac{270^2 \times 240}{3} = 5832000$$

Le volume de la pyramide tronquée . . $= 7992000$

Si l'on veut partager cette dernière en deux parties égales par un plan parallèle à ses bases, on aura :
$$5832000 : 5832000 + \frac{7992000}{2} :: \overline{Sb}^3 : \overline{x}^3.$$

ou bien $5832000 : 9828000 :: \overline{Sb}^3 : \overline{x}^3.$

Log. de 9828000 6,99247
Log. de 240³ 7,14063

        Somme 14,13310
Log. 5832000 6,76582

        Reste . . . . 7,36728 dont le
tiers 2,45576 représente 285,60.

La hauteur séparant la base AB du plan qui partage la pyramide tronquée en deux parties égales, est donc $(80 + 240) 320 - 285,60$, ou $34,40$.

CHAPITRE VI.

DE LA TRIANGULATION.

46. But de la triangulation.

Dans le levé des plans à l'aide de la chaîne et des instruments tels que la boussole, l'équerre, le graphomètre et la planchette, il est une limite que l'on ne peut franchir tout en conservant l'accord que toutes les parties doivent avoir ensemble. Cette limite est plus ou moins rapprochée, et ceci en raison de la difficulté des lieux, de la marche et de l'habileté que le Géomètre apporte dans son travail. On conçoit que si l'on devait faire le plan d'un massif de plusieurs milliers d'hectares, et même d'une étendue beaucoup moindre, les ressources seules de la chaîne et des instruments que l'on vient de citer, laisseraient à l'opération des chances bien précaires de succès. Dans ce cas, il faut avoir recours à la triangulation. Cette opération consiste à circonscrire d'une chaîne de triangles le terrain à lever si c'est une forêt, et à couvrir de triangles le terrain luimême, si c'est à découvert que l'arpentage doit se faire. Les sommets de la triangulation sont des points de repère sur lesquels s'appuient les détails de l'arpentage.

PREMIÈRE MÉTHODE DE TRIANGULATION.

47. Forme des triangles à employer.

Dans l'un et l'autre cas, savoir : d'une triangulation autour d'une forêt, ou bien sur le terrain même à arpenter, et dans le premier surtout, les triangles doivent être bien conditionnés, c'est-à-dire que leurs côtés doivent être autant que possible de mêmes grandeurs, afin qu'il n'y ait point de sommets recoupés sous des angles trop aigus. En régle générale on n'admet aucun angle au-dessous de 30° à moins qu'on n'y soit forcé par les circonstances du terrain. Plus les angles seront aigus, plus le nombre de répétitions employées pour les déterminer, devra être grand (51).

48. Ordres de triangulation.

On employe plusieurs ordres dans la triangulation : la triangulation de premier ordre est employée dans les grands levés géodésiques ; le second ordre s'emploie pour des levés moins étendus, et les sommets de ses triangles servent à relier les sommets du troisième et dernier ordre.

La longueur des côtés des triangles de l'ordre inférieur est ordinairement de 1000 à 2000 mètres. Quand la triangulation est étendue, et qu'on emploie un ordre supérieur, on peut donner aux côtés des triangles de ce dernier ordre, le double, le triple ou le quadruple des côtés des triangles de dernier ordre.

49. Plantation des signaux.

Après avoir fait une reconnaissance préalable des lieux, on procède à la plantation des signaux qui sont de fortes perches enfoncées profondément dans le sol, de manière à avoir et à conserver la position verticale, et au sommet desquelles on a attaché une petite botte de paille ou tout autre chose ayant une forme ronde ou conique. En faisant cette plantation, on fait un croquis ou canevas approximatif, et on peut se servir d'une boussole pour avoir la direction des côtés.

56. Mesurage de la base.

L'enchaînement des triangles qui circonscrivent ou qui recouvrent le terrain à arpenter, doit partir d'une ligne mesurée que l'on appelle *base*. Cette base doit être située sur le terrain le plus favorable à son mesurage, et ses extrémités doivent être aperçues du plus grand nombre possible des points du réseau trigonométrique. S'il y avait de l'inexactitude dans son mesurage, tout l'ensemble du réseau s'en ressentirait. Sa longueur doit être d'environ celle d'un des côtés de la triangulation que l'on emploie : cependant on peut passer de l'ordre inférieur à un ordre supérieur, en agrandissant insensiblement les côtés des triangles. La base étant jalonnée, on la mesure au moins trois fois, et on prend la moyenne de ces mesurages. Si le terrain n'est pas uni, qu'il soit bosselé ou en pente irrégulière, on doit se servir d'une règle sur laquelle on adapte un niveau, et au bout de laquelle on place un fil à plomb pour indiquer le point où l'on doit reprendre la portée suivante. Si la pente était régulière, on mesurerait suivant cette pente, en prenant le degré d'inclinaison, et on réduirait la longueur à l'horizon. C'est au Géomètre à choisir la méthode qu'il croira la plus propre pour parvenir au but qu'il se propose.

Quand l'on part d'une base et que l'on parcourt une

grande suite de triangles sans revenir se fermer au point de départ, on doit mesurer une seconde base à l'extrémité du réseau afin de s'assurer de l'exactitude du travail.

51. Mesurage des angles et leur répétition.

Pour mesurer les angles des triangles on se sert d'un cercle entier ayant une ou deux lunettes, muni de deux niveaux, et donnant la minute pour moindre mesure. Nous ne nous étendrons pas sur la description de cet instrument que l'on peut vérifier en examinant si les zéros des verniers sont bien en coïncidence avec les divisions du cercle dans quel sens qu'on tourne la lunette. Si l'instrument présente une petite différence dans la lecture des angles des deux verniers, on doit en prendre la moyenne, afin de corriger ou d'atténuer cette erreur provenant soit de l'imperfection des divisions du cercle soit de l'excentricité de la lunette.

Quand l'instrument est en place pour prendre les angles autour d'un point, il a son centre perpendiculairement au-dessus du point de station ; le cercle doit être mis bien de niveau. Quand il a deux lunettes, celle inférieure ne sert le plus souvent que pour vérifier si le cercle n'a pas bougé pendant l'opération. Après avoir mis les zéros des verniers en coïncidence avec les zéros du lymbe (aux points 180 et 360), on fait tourner tout le système jusqu'à ce que la lunette adaptée aux verniers aperçoive le signal de gauche, et que les fils qui se croisent dans cette lunette en saisissent bien le milieu ; on serre alors le système au moyen d'une vis de calage ; puis on rend libre la lunette supérieure que l'on fait tourner doucement et de manière à ne rien déranger, jusqu'à ce qu'on aperçoive le signal de droite ; cela fait, on lit combien de degrés et de minutes le vernier a parcourus, ce qui est la valeur de l'angle demandé. Voilà ce qui constitue une observation.

Mais il est rare qu'on puisse se contenter d'une seule observation, car une triangulation établie de cette manière donnerait des résultats fautifs pour peu qu'elle fut étendue.

Pour avoir les angles avec une plus grande précision, on emploie ce qu'on appelle *la répétition des angles*. La lunette étant fixée sur l'objet de droite, et la lecture de l'angle étant faite comme on vient de le dire, on cale le vernier, et on rend libre le système que l'on fait tourner de droite à gauche, pour le ramener au point de départ, sur l'objet de gauche ; quand cet objet est bien saisi par les fils de la lunette, on cale le système, et après l'avoir rendue libre, on ramène la lunette sur l'objet de droite ; on lit l'angle duquel on ôte celui de la première observation, et le reste est le résultat de la seconde observation. On répète ces observations au moins trois fois, et on en prend la moyenne arithmétique pour avoir l'angle définitif. Plus ces répétitions seront nombreuses, plus les angles seront parfaits : car les légères imperfections de l'instrument, l'erreur du pointé, ainsi que les petites fractions de minute se trouvent atténuées par un nombre suffisant de répétitions.

Nous ferons observer que dans la répétition des angles, il n'est pas nécessaire de lire l'angle à chacune d'elles, on lit seulement la valeur de la dernière observation que l'on divise par le nombre des répétitions. Dans ce cas il faut avoir soin de tenir compte des circonférences parcourues, sans cela on serait en danger de commettre des erreurs. Mais si l'on a noté la valeur de la première observation, on sera à l'abri de faire erreur : car une circonférence entière en plus ou en moins apporterait une différence trop sensible dans le résultat pour ne pas l'apercevoir. Ainsi on notera l'angle donné par la première observation, puis le nombre total des observations pour être le diviseur de la dernière observation qui sera le dividende, et le quotient sera l'angle cherché.

Ainsi on voit que l'on peut obtenir des angles d'une précision infinie, en employant un nombre suffisant de répétitions. Pour ceux de l'espèce qui nous occupe, nous nous contenterons des dixaines de secondes.

A mesure qu'on obtient les trois angles d'un triangle, on vérifie s'ils contiennent ensemble deux angles droits, au cas contraire, et s'il n'y a que des secondes en plus ou en moins, on les répartit sur les trois angles; on conserve néanmoins les premières données afin d'y revenir s'il y a lieu, et de faire supporter toute la différence sur deux ou sur un seul angle, si les résultats concordent mieux.

51. Des canevas provisoire et du registre des opérations.

On devra dresser un canevas provisoire et à une échelle telle que toute la triangulation puisse entrer sur une feuille. Tous les triangles y seront inscrits et numérotés ; leurs sommets seront accompagnés d'une lettre afin de les distinguer ; les lieux y seront aussi désignés par leurs noms. Un registre devra accompagner ce canevas ; tous les angles ainsi que leurs répétitions y seront inscrits ; la moyenne des observations et les corrections faites sur les angles y seront consignées dans des colonnes spéciales. Enfin tous les renseignements, mesurages, etc., recueillis sur le terrain devront y figurer avec ordre et sans confusion, afin de ne pas éprouver d'embarras lors des calculs.

52. Calcul des triangles.

Quand toutes les opérations du terrain sont terminées, on fait le calcul des triangles. Cette opération, la plus facile en apparence, est la plus délicate et celle qui demande le plus de soin de la part de celui qui fait ce travail.

On doit procéder par ordre, et grouper les triangles de manière à pouvoir vérifier souvent les résultats : ainsi, (fig. 30), ayant calculé le triangle N° 1, on calculera ceux N°s 2, 3, 4, 5 et 6. Le côté commun aux triangles 6 et 1, calculé d'après les résultats obtenus pour les triangles qui précèdent, donnera probablement une différence avec le calcul obtenu directement avec la base $A\,B$. Cette différence sera légère et proviendra de l'imperfection des angles des triangles déjà calculés. On pourrait recommencer les calculs par les triangles 6, 5, 4, 3 et 2, et prendre la moyenne des différences ; ou bien on répartit tout simplement la différence sur les rayons parcourus. On passera ensuite aux triangles 7, 8, 9 et 10, et le côté séparant les triangles 10 et 5 devra présenter la même longueur qu'on lui a déjà trouvée (après correction faite) en calculant les triangles 1, 2, 3, 4, 5 et 6 ; et s'il y a une légère différence, on la corrigera comme on a déjà fait pour la première série. On passera ensuite à d'autres groupes de triangles en conduisant les résultats de manière à se vérifier souvent par des calculs contradictoires.

54. Calcul des distances à la perpendiculaire et à la méridienne.

Le calcul des triangles terminé, on a bien la longueur de leurs côtés, mais comme ils sont très-grands,

on aurait de la peine à les placer sur la feuille du plan
que l'on construit. Pour éviter cet embarras et afin d'a-
voir des données plus faciles, et susceptibles d'être
comparées les unes aux autres, on suppose la méridienne et sa perpendiculaire passer par l'un des sommets de la triangulation, et on calcule les distances de
chacun des sommets des triangles, à ces deux lignes.
Ce calcul se fait absolument de la même manière que
celle indiquée N° 30. Mais, avant tout, il faut avoir la
déclinaison des côtés des triangles. On cherche par un
moyen quelconque la déclinaison de l'un des côtés, de
la base par exemple ; cette déclinaison obtenue, on la
fait passer par tous les côtés, et pour avoir la moyenne
de la déclinaison des rayons, on la fait passer par plusieurs lignes de la triangulation de manière à venir se
rabattre sur le point de départ où l'on doit retrouver
la même déclinaison. On a souvent de petites différences que l'on répartit sur tous les rayons parcourus.

On voit que si le travail du terrain demande des soins
et des précautions, celui du cabinet n'en réclame pas
moins.

Nous ne nous étendrons pas davantage sur cette méthode de triangulation que nous abandonnons, pour
donner la préférence à une nouvelle méthode bien
préférable sous tous les rapports.

SECONDE MÉTHODE DE TRIANGULATION.

55. Avantages et description de cette méthode.

M. Beuvière, dans les annales forestières, année 1843, pages 84 à 90, et 338 à 354, indique une nouvelle méthode de triangulation beaucoup plus avantageuse que l'ancienne que nous venons d'indiquer; nous lui donnons la préférence par plusieurs raisons : 1° Les triangles n'ont pas besoin d'être de formes équilatérales, ou plutôt on ne s'occupe pas d'eux, car il suffit que chaque point soit recoupé sous un angle convenable pour être déterminé, sans s'occuper si le rayon qui le recoupe vient de tel ou tel autre sommet, et par là le placement des signaux devient plus facile ; 2° La déclinaison des rayons s'effectue plus régulièrement puisqu'elle ressort des observations mêmes du terrain, tandis qu'à l'ancienne méthode les angles avaient déjà subi, du moins la plupart, des modifications ; 3° Cette méthode donne de suite, pour premier résultat, les distances à la méridienne et à la perpendiculaire, ainsi que la longueur des lignes si on le désire ; 4° Enfin, cette méthode de calculer à la méridienne et à la perpendiculaire nous est déjà familière, puisque nous l'avons employée dans le calcul d'un périmètre.

La déclinaison seule des lignes de la triangulation est nécessaire, mais comme on ne peut pas l'obtenir directement avec l'instrument (comme on le ferait avec une boussole), afin qu'elle soit plus facile à déduire, quand on est en station, on prend les angles progressivement en parcourant le tour d'horison : c'est-à-dire (fig. 31) que le rayon AB étant la base des observations qu'on fait au point A, après avoir pris l'angle BAC, on prend l'angle BAD pour le rayon AD, BAE pour le rayon AE, etc. Quand on passe d'une station à une autre, on fait toujours venir la déclinaison en s'appuyant sur les sommets les plus éloignés qu'il est possible d'apercevoir : car la déclinaison venant d'un rayon trop court, serait susceptible d'être affectée de quelque petite erreur provenant du pointé, laquelle grossirait en s'éloignant davantage.

Quand tous les rayons sont obtenus sur le terrain, on en déduit la déclinaison de chacun d'eux ; on compare cette déclinaison en la faisant passer par divers rayons, afin d'en prendre la moyenne s'il y a de légères différences. Pour faire passer la déclinaison d'un sommet à un autre, il serait bon d'avoir observé sur le terrain l'angle à la boussole. Il va sans dire que la déclinaison donnée par celle-ci, ne serait pas exacte ; mais elle approcherait assez de la vérité pour faciliter son passage d'un sommet à un autre, sans risquer de commettre quelque erreur grossière : ce qui peut très-bien arriver surtout aux commençants.

Quand ce travail est terminé, M. Beuvière construit à l'échelle d'1 à 25000, et au moyen d'un rapporteur de 0 m. 11 de rayon, un canevas où chaque point est déterminé par les recoupements des rayons observés sur le terrain. D'après les soins qu'il donne à la construction de ce canevas, il parvient à placer chaque point à 30 mètres au plus de sa véritable position.

Ainsi que nous aurons lieu de le démontrer, l'exactitude du canevas n'est pas absolument nécessaire, puisque les lignes qui le composent, fussent-elles faussées, plus ou moins de leurs véritables longueurs, on parviendrait toujours à donner aux résultats des valeurs exactes. Il est vrai qu'il faudrait faire une construction de plus que si le canevas était bien établi.

Il en est de cette méthode de triangulation comme de l'ancienne en ceci : qu'il faut avoir une base mesurée, ce qui procure la connaissance de la position de trois points au moins, les deux extrémités de cette base et un sommet ou deux opposés à cette base.

Un point recoupé par deux rayons seulement n'est pas suffisamment établi : car on n'est sûr que ce dernier est bien placé que quand une ou plusieurs autres lignes le recoupent.

On imagine la méridienne et la perpendiculaire passer par l'une des extrémités de la base, à moins qu'on ne doive rattacher cette triangulation à un point donné, tel que l'Observatoire de Paris. On peut demander aussi que la méridienne et la perpendiculaire passent par un point quelconque de la triangulation.

56. Construction des lieux géométriques.

Le canevas étant établi, à partir des points connus de position, on mesure sur ce canevas et au compas, la longueur de la ligne qui joint le point dont on veut avoir la position ; cette longueur n'étant donnée que graphiquement et à l'échelle d'1 à 25000, sera certainement ou trop longue ou trop courte ; mais n'importe, on s'en sert absolument comme si elle était juste. Avec cette longueur *fausse*, et au moyen de la décli_naison *vraie* de cette ligne, on calcule les distances à la perpendiculaire et à la méridienne, ce qui donne un point appartenant à la trace de cette ligne.

Car soit à déterminer le point B (fig. 32) au moyen des rayons AB et CB : la position des points A et C est connue. Il est incontestable que plus la longueur Aa, Aa' approchera de ce qu'elle doit être, plus le point a approchera de B, et pourra même le dépasser en tombant en a'' si la longueur que l'on a employée dans le calcul est plus forte qu'elle ne doit être. Mais que le calcul ait donné a, a' ou a'', puisque la déclinaison employée dans ce calcul est exacte, l'un quelconque de ces points, ou mieux tous ces points ensemble, appartiennent à la ligne AB ou à son prolongement.

Si l'on emploie le même raisonnement pour la ligne CB qui recoupe AB, on reconnaîtra que les points c,

c' ou c'' appartiennent à la trace de cette ligne, ou à son prolongement.

Après avoir obtenu les distances coordonnées des points a, a' ou a'' et c, c' ou c'', on transporte la perpendiculaire et la méridienne aussi près d'eux qu'on peut le désirer, en retranchant de ces distances coordonnées toutes les dixaines entières, en ne laissant pour la construction que les unités et les fractions qui les suivent. Exemple : ayant obtenu 5946,75 pour distance à la perpendiculaire et 1752,15 pour distance à la méridienne, on voit de suite que la seule idée de faire une construction à une grande échelle, celle d'1 à 500 par exemple, est absurde : on modifie la construction en retranchant 5940 de 5946,75, et 1750 de 1752,15 ; il restera 6,75 pour distance à la perpendiculaire et 2,15 pour distance à la méridienne.

Comme on le voit, on peut construire l'intersection du point B à une très-grande échelle, puisque les points a, a' ou a'' et c, c' ou c'' en sont rapprochés le plus que possible. En se servant des restes 6,75 et 2,15 qu'on a obtenus par suite des soustractions qui ont été faites, on place les points a, a' ou a'' et c, c' ou c'', chacun à la place qui lui convient ; puis pour avoir l'intersection B, on fait passer par le point ayant pour désignation l'une des lettres a, a' ou a'', une ligne ayant la même déclinaison que $A\,B$, et par le point représenté par c, c' ou c'', une déclinaison égale à celle de la ligne $C\,B$. Si cette intersection a lieu plus loin que les points a et a', c'est que le nombre employé pour les calculer est trop faible ; mais si l'intersection B a lieu en deçà du point a'', c'est parce que la longueur employée pour le calcul de la position de ce point est trop forte. Il en est de même à l'égard des points c, c' ou c''.

Pour faire passer par les points a, a' ou a'' et c, c' ou c'', des lignes ayant les mêmes déclinaisons que AB et CB, on se sert d'un rapporteur. On pourrait calculer deux points de la même ligne, en employant pour le second calcul une longueur plus forte ou plus faible de 20 ou 30 mètres, et l'on obtiendrait deux points tels que a et a' appartenant à la même ligne dont la trace serait ainsi déterminée sans le secours du rapporteur. Mais nous ferons observer que quand on a une feuille de papier où les perpendiculaires et les méridiennes sont tracées exactement, et que l'on se sert de la méthode du rapporteur complémentaire en tirant les lignes demandées contre le diamètre du rapporteur, les traces sont aussi bien déterminées que par la méthode résultant de la détermination de deux points, et, qu'en outre, cette marche est très-expéditive.

L'intersection B étant obtenue, on mesure au compas ses distances à la perpendiculaire et à la méridienne, et l'on ajoute ces valeurs graphiques (en remplacement des nombres tels que 6,75 et 2,15 qui ont servi à la construction) aux nombres ronds qui ont été retranchés des distances coordonnées, pour avoir les distances définitives du point B.

Quoique ces dernières mesures soient graphiques, elles ont une assez grande précision si l'on s'est servi d'une grande échelle pour la construction. L'échelle de

1 à 500 peut très-bien donner le décimètre, et l'on obtiendra le centimètre en employant l'échelle d'1 à 100.

Pour avoir une échelle d'1 à 500 on se sert de celle
d'1 à 5000 en prenant les centaines pour des dixaines,
les dixaines pour des unités et les unités pour des
dixièmes. L'échelle d'1 à 10,000 sert pour l'échelle
d'1 à 100, en prenant les centaines pour des unités, les
dixaines pour des dixièmes et les unités pour des centièmes.

57. Exemple de la construction des lieux géométriques.

Supposons trois points connus de position (nous
l'avons dit, la connaisance de trois points est nécessaire pour en déterminer un autre par trois rayons ;
avec deux rayons seulement on ne serait pas assuré
que l'opération est exempt d'erreurs) : ces trois points
sont : (Fig. 33.)

$A =$ 0,00   — et   0,00
$C =$ 5442,23 N — et 301,09 $E.$
$D =$ 87,29 N — et 8614,56 $E.$

Le point à déterminer sera B ; et l'on a observé les
déclinaisons suivantes :

$AB =$ 43° 10' 00" $NE.$
$DB =$ 48   11   30 $NO.$
Et $CB =$ 71   50   20 $SE.$

Comme on le remarque, la perpendiculaire et la méridienne ont leur intersection au point A.

A l'échelle d'1 à 25000 établissons un canevas, en nous servant de la connaissance des trois points ci-haut, et des déclinaisons AB, CB et DB, que nous traçons au rapporteur.

Ces angles pris au rapporteur n'ont pas une grande précision, et l'erreur serait encore bien plus grande à l'extrémité d'un canevas construit en échaffaudant les recoupements des points les uns à la suite des autres à partir d'une base mesurée. Mais nous l'avons déjà dit, la justesse des résultats ne dépend pas de l'exactitude du canevas. Il est cependant à désirer que celui-ci présente le plus de rapprochement possible avec la vérité, afin que les opérations soient plus simples.

Le canevas terminé, prenons au compas la longueur de l'une des lignes qui recoupent le point B qui est à déterminer, la longueur de AB par exemple, que nous trouvons de 5800 mètres. A l'aide de cette longueur qui est probablement *fausse*, et avec la déclinaison de 43° 10' qui est *exacte*, nous calculons les distances à la perpendiculaire et à la méridienne, (absolument comme nous l'avons fait aux N°s 30 et 31).

$$AB = NE$$

43° 10' » ''	= 9,8629460	= 9,8351341
5800 — »	= 3,7634280	= 3,7634280
Somme..	= 3,6263740	= 3,5985621
Résultat	= 4230,33 N	= 3967,91 E

Si à partir de A on remonte la méridienne de

4230,33 et qu'à ce point on élève une perpendiculaire allant à l'Est d'une longueur de 3967,91, on aura évidemment un point appartenant à la trace de *A B*. Nous donnerons à ce point la lettre *a*.

Prenons ensuite sur le canevas la longueur de l'une des deux autres lignes, soit de *D B* que nous trouvons de 6218 mètres; et à l'aide de la déclinaison vraie calculons comme précédemment, et nous aurons :

$$D B = N O.$$

48° 11′ 30″	= 9,8238919	= 9,8723772
6218 — »	= 3,7936507	= 3,7936507
Somme ..	= 3,6175426	= 3,6660279
Résultat..	= 4145,15 *N*	= 4634,77 *O*.

Concluons la position du point *B* d'après ce nouveau résultat, nous avons la position connue de

D ci . . . .   87,29 *N* et 8614,56 *E*.

La ligne *D B* donne 4145,17 *N* et 4634,77 *O*.

Ce qui donne . . . . 4232,46 *N* et 4634,77 *E*.

Ce résultat nous fournit un point de la trace de la ligne *D B* : nous donnerons à ce point la désignation *d*.

Prenons encore sur le canevas la longueur *C B* que nous trouvons 3872 mètres; nous aurons :

$$C B = S E.$$

71° 50′ 20″	= 9,4937230	= 9,9778076
3872 — »	= 3,5879353	= 3,5879353
Somme ..	= 3,0816583	= 3,5657429
Résultat..	= 1206,86 *S*	= 3679,11 *E*.

— 123 —

La position du point C étant :

$$5442,23 \ N = 301,09 \ E.$$

La ligne CB donne $1206,86 \ S = 3679,11 \ E.$

Ce qui donne. . $= 4235,37 \ N = 3980,20 \ E.$

Ce résultat nous donne un point de la trace de la ligne CB; nous donnerons à ce point la lettre c.

Il est constant que, puisque les angles étant justes, si les longueurs des côtés qui ont servi à faire les calculs ci-dessus eussent été exactes, ces trois résultats auraient donné absolument le même nombre, et la position du point B serait déterminée.

Mais comme il en est autrement, nous allons construire les parties extrêmes des traces des trois lignes, et leur intersection nous donnera la véritable position de B.

Nous supposerons la ligne OE (fig. 34) distante de la perpendiculaire de 4230 mètres, pour le cas qui nous occupe, et la ligne NS distante de la méridienne de 3960 mètres (afin que toute la construction ait lieu dans la même région, on prend toujours les plus petits nombres pour valeur du transport soit de la perpendiculaire soit de la méridienne).

Ainsi que les résultats nous l'indiquent, la construction qui va avoir lieu se fera dans la région NE.

Après avoir choisi une grande échelle, nous plaçons le point a à 0 m. 33 de la perpendiculaire et à 7 m. 91 de la méridienne (même fig. 34).

Etablissons le point d à 2 m. 46 de la perpendiculaire et à 19 m. 79 de la méridienne.

Etablissons de même le point c à 5 m. 37 de la perpendiculaire et à 20 m. 20 de la méridienne.

Par le point *a* tirons une ligne de 43° 10′ 00″ *N E* (déclinaison de *A B*).

Par le point *d* tirons une ligne de 48° 11′ 30″ *N O* (déclinaison de *D B*).

Par le point *c* tirons une ligne de 71° 50′ 20″ *S E* (déclinaison de *C B*).

L'intersection de ces trois lignes est la véritable position du point *B* que nous trouvons éloigné de la seconde perpendiculaire de......... 7 m. 25 et si l'on y ajoute la distance séparant les deux perpendiculaires............. 4230 »

On aura.............. 4237, 25 *N.*

Le point *B* est en outre éloigné de la seconde mé-ridienne de...................... 14 m. 40 et si on y ajoute la distance séparant les deux méridiennes................. 3960 »

On aura............. 3974 40 *E.*

Donc le point *B*, par rapport aux trois autres points connus et donnés de position, se trouve à 4237,25 *N* 3974,40 *E.*

Si nous tenons à avoir la longueur des lignes *A B*, *D B* et *C B*, on les mesurera de la manière suivante : Nous faisons la remarque sur la construction des lieux géométriques que le point *B* a été recoupé à 9 m. 45 plus loin que le point *a* sur la ligne *A B*; or, le point *a* est le résultat du calcul avec une longueur de 5800 mètres. Il est incontestable que ce calcul a eu lieu avec une longueur trop faible, car si elle eût été assez forte, le point a serait tombé en B : donc $a B$ est la longueur qui manque à cette ligne

ci...................... 9,45 } Longueur de $A B = 5809,45$

Longueur employée dans le calcul............... 5800, »

Par les mêmes considérations, nous dirons que la ligne $D d$ employée dans le calcul............... 6218 m. » } Longueur de $D B = 6225,25$

est trop courte de $d B$ d'une quantité de.......... 7,   25

Il n'en est pas de même de la ligne $C B$; nous voyons que l'intersection B a lieu sur la ligne $C c$, en se rapprochant de son point de départ C, et que ce rapprochement s'exprime par la longueur $c B$. Donc la ligne employée dans le calcul............... 3872 m. » } Longueur de $C B = 3865,88$

est trop longue de la quantité $c B$............. 6   12

Second exemple.

Soit le même point B à déterminer avec les mêmes déclinaisons des lignes, et la même position des points A, D, C ; mais le canevas a été si mal fait, qu'il donne les longueurs suivantes mesurées au compas :

$$A B = 6000 \text{ mètres.}$$
$$D B = 6000 \quad \text{»}$$
$$C B = 5900 \quad \text{»}$$

Calculons ces lignes fausses avec les déclinaisons véritables, nous obtiendrons pour la ligne $A B =$
$$4376,20 \; N = 4404,70 \; E.$$

Le calcul de la ligne $D B$ nous donnera :
$$3999,80 \; N = 4472,30 \; O.$$

Position du point D
$87,30 \; N = 8614,60 \; E.$ Ajoutant les deux premiers nombres qui ont le même signe, et faisant la différence des deux seconds dont les signes sont contraires, il vient pour la potion du point d .... $4087,10 \; N = 4442,30 \; E.$

Le calcul de la ligne $C B$ nous fournit :
$$1215,60 \; S = 3705,70 \; E.$$

La position de C étant
$5442,20 \; N = 501,10 \; E.$ Faisant la différence des deux premiers nombres qui ont des signes différents, et ajoutant les deux seconds qui ont des signes semblables, la position de c sera .... $4226,60 \; N = 4006,80 \; E.$

Si nous comparons d'une part les trois résultats N ci-haut, nous voyons que du plus faible nombre 4087, 10, au plus fort 4376,20, il y a un intervalle de 289 m. 10 ; d'un autre côté, nous reconnaissons que le plus petit des trois nombres ayant le signe E, est

4006,80, et le plus grand 4142,30 ce qui produit une différence de 135 m. 50. Il faudra donc pour la construction des lieux géométriques, un espace de 289 m. 10 d'une part et 135 m. 50 de l'autre. Nous voyons de suite que pour construire la figure à l'échelle d'1 à 250, et même d'1 à 500, il nous faudrait une trop grande feuille : nous ferons donc une première construction à une échelle beaucoup plus petite, à celle d'1 à 5000 par exemple.

En faisant d'une part la ligne parallèle à la perpendiculaire déjà éloignée de celle-ci de 4000 mètres (fig. 35), nous placerons d'autre part la ligne parallèle à la méridienne aussi à 4000 mètres. (NOTA. Ces deux nombres 4000 ne sont semblables que par hasard.)

Maintenant, à une petite échelle, à celle d'1 à 5000 par exemple, effectuons la construction en plaçant le point a (représentant le résultat du calcul de AB) à 376,20 N et à 104,70 E; le point d, (résultat du calcul de DB) sera placé à 87,10 N et à 142,30 E; et enfin le point c (résultat du calcul CB) aura sa position à 226,60 N et à 6,80 E.

Par chacun de ces points faisons passer une ligne ayant la déclinaison qui lui est propre ; savoir : par le point a, une ligne de 43° 10′ NE; par le point d, une ligne de 48° 11′ 30″ NO ; et par le point c, une ligne de 71° 50′ 20″ : nous obtenons l'intersection de ces trois lignes qui est la position du point B.

Comme la construction a eu lieu avec une échelle beaucoup trop petite pour nous en rapporter à l'appréciation qu'on peut obtenir pour la position du point

B, nous nous bornerons à la recherche de la longueur des lignes modifiées par cette construction.

Le point *a* résultat du calcul de la ligne *A B* qui a un sens *N E*, concourt à l'intersection du point *B* par la ligne *a B* ayant un sens *S O* : puisque l'intersection se traduit dans un sens opposé , la longueur *a B* sera déduite de la longueur *A B* employée dans les calculs, au lieu d'être ajoutée. Cette longueur *a B* = 190 qui ôtée de 6000 mètres que nous avons employés dans les calculs, il nous reste pour la longueur de *A B* 5810 mètres.

La ligne *D B* calculée avec une longueur de 6000 mètres, a donné pour résultat le point *d*, et l'intersection *B* ayant lieu plus loin, et dans le sens *N O* qui est la direction de cette ligne, la distance *d B* = 224 mètres devra être ajoutée à celle de 6000, ce qui donnera une nouvelle longueur de cette ligne égale à 6224 mètres.

La ligne *C c* ayant à partir de *c*, l'intersection *B* dans le sens inverse de la direction de cette ligne aura *c B* = 33 mètres à retrancher de la longueur 3900 employée dans le premier calcul, et il restera pour nouvelle longueur de *C B*, 3867 mètres.

Les longueurs que nous avait données le canevas :

Pour *A B* = 6000 mètres, devient d'après la construction de la fig. 35 = 5810 mètres.

Pour *D B* = 6000 mètres, devient d'après la construction de la même figure = 6224 mètres.

Pour *C B* = 3900 mètres, devient d'après la construction de la même figure = 3867 mètres.

Si au moyen de ces nouvelles longueurs, nous calculons de nouveau les distances à la perpendiculaire et à la méridienne, et qu'avec les nouveaux résultats nous construisions une nouvelle figure, nous obtiendrons des valeurs tout à fait satisfaisantes.

Troisième exemple.

Pour en revenir à ce que nous disions au commencement de cette méthode de triangulation, *que le canevas peut être très-mal construit sans que les résultats en souffrent aucunement*, l'exemple précédent en donne déjà la preuve ; mais pour rendre cet énoncé plus palpable, prenons des nombres arbitraires au lieu de les mesurer sur le canevas. Conservons toujours nos trois mêmes points donnés de position, ainsi que les mêmes déclinaisons des lignes. Supposons les longueurs de ces lignes :

$A B =$ 1000 mètres.

$D B =$ 1000   id.

Et $C B =$ 1000   id.

On ne peut assurément tomber sur des nombres plus différents de ce qu'ils doivent être réellement. Le calcul à la perpendiculaire et à la méridienne donne avec ces longueurs :

Pour $A\,B$:

729,37 N et 684,12 E ci $a = 729,37\ N$ et $684,12\ E$.

Pour $D\,B$:

666,64 N et 745,38 O

La position de D est de :

87,29 N et 8614,56 E

Ajoutant les deux premiers nombres et faisant la différence des deux seconds, il vient pour...................$d = 753,93\ N$ et $7869,18\ E$.

Pour $C\,B$:

311,69 S et 950,18 E

La position de C donnée :

5442,23 N et 301,09 E

Faisant la différence des deux premiers nombres et ajoutant les deux seconds, il vient pour

....................$c = 5130,54\ N$ et $1251,27\ E$.

Attendu les résultats si disparates des trois calculs, nous sommes obligé d'employer une très-petite échelle, si nous ne voulons pas faire une construction trop grande. Employons par exemple, l'échelle d'1 à cent mille; (on pourrait se servir de celle d'1 à 25,000.)

Nous construirons la figure 36 sans transporter la perpendiculaire non plus que la méridienne hors de leur place naturelle, et nous construirons à l'aide des nombres ci-haut, après quoi nous établirons chaque trace au moyen des déclinaisons des lignes, afin d'obtenir l'intersection B.

Nous obtiendrons les longueurs suivantes :

A B que nous avons employé
dans les calculs ...... 1000 » $\Big\}$ *A B* $=$ 5780 mètres.
A ajouter la longueur
a B .... 4780 »

D B que nous avons employé
dans les calculs ...... 1000 » $\Big\}$ *D B* $=$ 6220   id.
A ajouter la longueur
d B .... 5220 »

C B que nous avons employé
dans les calculs....... 1000 » $\Big\}$ *C B* $=$ 3860   id.
A ajouter la longueur
c B .... 2860 »

Si au moyen de ces nouvelles longueurs, nous effectuons les calculs à la perpendiculaire et à la méridienne, nous obtiendrons les nombres suivants qui
indiquent chacun un point de la trace de la ligne qui
les concerne.

$$a = 4215{,}74 \; N \text{ et } 3954{,}23 \; E.$$
$$d = 4233{,}80 \; N \text{ et } 3978{,}30 \; E.$$
$$c = 4239{,}11 \; N \text{ et } 3968{,}80 \; E.$$

Faisons la parallèle à la méridienne 3950 *E*
Et celle à la perpendiculaire...... 4210 *N* $\Big\}$ Fig. 37.

Construisons comme d'habitude, pour avoir l'intersection du point *B* que nous trouvons :

$$27 \text{ m. } 30 \; N \text{ et } \quad 24 \text{ m. } 45 \; E$$

auxquels nombres on
ajoute les valeurs ci-
haut................ 4210   » *N* et 3950   » *E*

pour avoir la véritable
position de *B* .....$=$ 4237   30 *N* et 3974   45 *E*

Quand l'intersection des rayons n'a pas lieu au même point.

Dans la construction des lieux géométriques, le recoupement des lignes que l'on emploie pour déterminer un point, se fait rarement au même endroit, comme dans les exemples précédents. Pour que l'intersection soit parfaite, il faut premièrement que les angles de déclinaison des lignes soient exacts ; et secondement que les points d'où partent les rayons de recoupement soient bien placés. Mais l'imperfection des instruments, les erreurs du pointé, les répétitions des angles trop peu nombreuses etc., produisent souvent quelques légères déviations dans la direction des rayons, de là la cause première de la non-intersection des lignes.

Donnons un exemple de ce qui vient d'être dit, en employant encore notre même problème, mais en faussant chaque angle d'une minute. (Nous ferons remarquer que l'erreur d'une minute est beaucoup, surtout pour de grands rayons ; que d'ailleurs l'erreur commise sur la direction des rayons peut avoir lieu du même côté, et par là donner à un point une fausse position.)

Nous avons nos trois points A, C, D, donnés de position.

Nous prendrons pour valeur des déclinaisons :

$A B = 43° 11' 00'' N E$ (au lieu de $43° 10' 00''$).

$D B = 48 \quad 12 \quad 30 \quad N O$ (au lieu de $48 \quad 11 \quad 30$).

$C B = 71 \quad 51 \quad 20 \quad S E$ (au lieu de $71 \quad 50 \quad 20$).

Ayant pris sur le canevas la longueur des lignes que nous trouvons $AB = 5800$ mètres ; $DB = 6220$ mètres ; et $CB = 5860$ mètres. Nous calculons à l'aide de ces longueurs et des déclinaisons ci-haut, les distances à la perpendiculaire et à la méridienne, ce qui nous fournit la position de chacun des points :

$a = 4229,17\ N$ et $5969,14\ E.$

$d = 4232,45\ N$ et $5977,10\ E.$

$c = 4240,17\ N$ et $5969,15\ E.$

Pour la construction nous transporterons la perpendiculaire à 4220 mètres, (à la dernière dixaine du plus petit des trois nombres), et la méridienne à 5960 mètres, (aussi à la dernière dixaine du plus petit des trois nombres), fig. 38.

Ayant placé les points :

a à 9 m. 17 au Nord de la perpendiculaire et à 9 m. 14 à l'Est de la méridienne,

d à 12 m. 45 au Nord de la perpendiculaire et à 17 m. 10 à l'Est de la méridienne,

c à 40 m. 17 au Nord de la perpendiculaire et à 9 m. 15 à l'Est de la méridienne,

On tirera par chacun de ces points une ligne ayant la déclinaison qui lui convient. Ces trois lignes, au lieu de se recouper au même point, ont leur intersection en f, g et h, et forment un petit triangle. Le point B cherché doit certainement avoir sa place au centre de ce petit triangle, car il n'y a pas de raison pour le placer à l'une des trois intersections plutôt qu'à une autre.

Ainsi que nous venons de le dire au commencement de cet exemple, il faut remarquer que les angles faux ne sont pas les causes seules de la non-intersection des lignes ; car cette cause peut en être produite par le placement de l'un (ou de plusieurs) des points d'où partent les rayons tels que A, D, C, autre part que dans sa véritable position. De là la non-intersection des lignes qui ne peuvent se recouper exactement au même lieu, puisque leur point de départ est déplacé.

Plus le nombre des lignes qui recoupent un point sera grand, plus la détermination de ce point sera sûre et précise. Mais si des rayons s'écartent trop des autres dans le recoupement d'un point, il faudra les rejeter et n'admettre que le centre des autres : car les rayons qui s'éloignent trop de ce centre ont été mal dirigés, ou bien leur origine de départ est mal placée, ce qu'il faudra vérifier.

58. De l'emploi d'un ordre supérieur de triangulation.

Quand la triangulation est étendue, on peut craindre qu'en s'éloignant de la base, la position des points ne finisse par subir des déplacements par suite des petites erreurs inévitables produites sur la déclinaison des rayons. On pare à cet inconvénient en employant un ordre supérieur de triangulation : on cherche à établir des points recoupés par des rayons beaucoup plus grands que ceux de la triangulation inférieure ; et les points de cette dernière s'appuient sur les sommets de l'ordre supérieur.

La déclinaison des grands rayons employés pour déterminer les sommets de la triangulation d'un ordre supérieur, devra être établie rigoureusement, en employant un nombre plus grand de répétitions.

59. Réduction au centre de la station.

Il est bien des sommets dans la triangulation où l'on ne peut stationner : tels sont la plus part des clochers que l'on n'omet guère de faire figurer comme signaux. On employe différentes formules pour parvenir à avoir ces angles. Le guide du Géomètre indique entre autres une méthode très-simple, donnant de suite l'angle demandé.

Soit le point A (fig. 59) où l'on ne peut stationner ; on demande l'angle $B\,A\,C$? On se placera en un point c du rayon $A\,C$; puis on choisira un point éloigné D, et on prendra l'angle $D\,c\,C$; on stationnera ensuite au point a, intersection de $A\,B$ et de $c\,D$, et on prendra l'angle $D\,a\,B$ que l'on retranchera de $D\,c\,C$: le reste sera égal à l'angle $B\,A\,C$. Car en supposant une ligne $A\,b$ parallèle à $a\,D$, on a l'angle $b\,A\,B$ égal à l'angle $D\,a\,B$; or $b\,A\,C - b\,A\,B = B\,A\,C$.

Mais cette méthode n'est guère praticable quand on a

beaucoup de rayons à diriger autour du point de station : c'est pourquoi on choisira aux environs du point inaccessible, un endroit où l'on puisse stationner facilement, et on dirigera les rayons autour de ce dernier, comme on l'aurait fait autour du point inaccessible.

Soit C (fig. 40) le signal inaccessible. On choisira un point D d'où l'on puisse découvrir tous les points sur lesquels on doit diriger des rayons. Soit en outre $A\,C$ la ligne de laquelle on veut faire passer la déclinaison à la ligne $C\,D$. A partir de B, pris sur le rayon $A\,C$ de manière à former un triangle $B\,C\,D$ de meilleure condition possible, on mesurera exactement la ligne $B\,D$; après quoi on résoudra ce triangle.

On a observé l'angle $B = 58°\ 15'\ 40''$ ⎫
    Id.   id. $D = 70\ \ 30\ \ 10$ ⎬ $180°$ » »
D'où l'on conclut l'angle $C = 51\ \ 14\ \ 10$ ⎭

La ligne $D\,B$ mesurée $= 186$ m. 55.

La longueur de la ligne $C\,D$ s'obtiendra, en ajoutant au sinus de l'angle B, le log. de 186,55, et retranchant le sinus de l'angle C : Résultat 203 m. 47.

La déclinaison de $A\,C$ est de $25°\ 06',\ 23''\ N\,E$, en partant de A pour aller en C ; mais en partant de C pour aller en A la déclinaison est $S\,O$ (elle prend les signes opposés). Si la ligne $C\,A$ avait zéro pour déclinaison, il serait évident que $C\,D$ aurait une déclinaison de $51°\ 14'\ 10''\ S\,E$; mais au lieu de zéro, elle a une déclinaison de $25°\ 06'\ 23''\ S\,O$; et comme les signes sont contraires, il faut retrancher l'un de l'autre et le reste $26°\ 07'\ 47''$ sera la déclinaison de $C\,D$ qui prendra le signe $S\,E$.

Ayant la déclinaison et la longueur de la ligne **C D**, il est facile d'avoir la position du point **D**.

Au moyen de la différence des positions respectives des points **A** et **D**, on cherchera la déclinaison de la ligne **A D**, afin de la faire passer par les rayons que l'on dirigera autour du point **D**. (Cette déclinaison se trouve par la formule indiquée N° 35).

CHAPITRE VII.

DE L'ARPENTAGE EN GÉNÉRAL.

60. Diverses manières de lever les plans.

Quoique le but du présent n'ait été que de décrire l'arpentage à la *boussole*, il n'est pas inutile de jeter un coup d'œil rapide sur les autres méthodes de lever les plans. Ces méthodes sont principalement:

Le levé *à la Chaîne seule*.
Le levé *à l'Equerre*.
Le levé *au Graphomètre*.
Le levé *au Pantomètre*.
Et le levé *à la Planchette*.

61. Du levé à la chaîne seule.

Le levé à la chaîne consiste à diviser le terrain à arpenter en triangles dont on mesure toutes les lignes afin de pouvoir les rapporter sur le papier. Un quadrilatère quelconque dont on n'aurait mesuré que les quatre côtés ne serait pas susceptible d'être reproduit exactement sur le papier ; il faut encore mesurer une diagonale ou ligne partant d'un sommet pour arriver au sommet opposé. On mesure ordinairement la diagonale la plus courte. Le quadrilatère forme alors deux triangles.

62. Du levé à l'équerre.

Le levé à l'équerre consiste à tirer une ligne droite partageant à peu près le terrain à lever en deux parties égales, suivant sa dimension la plus longue; à élever à droite et à gauche de cette ligne, des perpendiculaires sur les sinuosités des limites du terrain à lever.

Si le terrain est un peu étendu (fig. 44), on fait passer une ligne de construction $a\,b$ près de l'une des limites dont on relève les sinuosités. Quand on ne peut plus continuer avec cette ligne, on continue avec une seconde $b\,c$ perpendiculaire à $a\,b$; on continue avec une troisième ligne $c\,d$; mais arrivé au point d, la forme du terrain à lever demande que l'on parte de ce point avec un angle de 135°, ce que l'on obtient avec l'équerre. Après avoir parcouru les lignes suivantes $e\,f$, $f\,g$, et $g\,a$, on se trouve au point de départ, et le plan doit se fermer sur le papier pour que l'opération soit bonne.

63. Du levé au Graphomètre.

Ce levé consiste à placer le Graphomètre à l'intersection des lignes, afin de mesurer les angles qu'elles forment entr'elles. L'opération se continue soit en parcourant le périmètre lui-même, soit en recoupant les sommets de ce périmètre par des rayons partant des deux extrémités d'une base.

Le rapport des angles sur le papier se fait ordinairement au moyen d'un rapporteur, ou bien avec une table des cordes.

64. Du levé au Pantomètre.

Le levé au Pantomètre ainsi que le rapport des angles sur le papier se fait absolument de la même manière qu'au Graphomètre. Nous ferons seulement observer qu'on ne doit se servir de cet instrument que pour les levés de petite étendue, attendu l'inexactitude que présenteraient les angles compris entre de grands rayons.

65. Du levé à la Planchette.

La Planchette est une table assujettie sur un trépied, de manière à pouvoir se placer de niveau et tourner dans tous les sens. Quand on veut opérer avec cet instrument, il faut être muni d'un niveau afin de mettre la planchette dans le plan horizontal.

Le papier étant collé sur cette planchette, ou bien y étant assujetti par tout autre moyen, on plante une aiguille au point que l'on a choisi pour point de départ; ensuite on met l'instrument en station de manière à ce que l'aiguille soit placée perpendiculairement au-dessus du point de départ du terrain. La Planchette étant de niveau et placée dans le sens que l'on croit convenir le mieux pour placer les objets à lever sur la feuille de papier, on vise avec l'alidade, le point sur lequel on veut se diriger; puis se servant de l'alidade comme d'une règle, on tire une ligne indéfinie; on mesure ensuite cette ligne sur le terrain, après quoi on en applique immédiatement la longueur sur la ligne tracée sur la planchette, en se servant de l'échelle qu'on a adoptée. On replace l'aiguille au dernier point qui est la seconde station. L'instrument remis en place à la seconde station, doit être établi de manière à avoir le point correspondant du terrain perpendiculairement au dessous de l'aiguille : ceci est de rigueur pour toutes les stations.

Étant à la seconde station , l'aiguille perpendiculairement au-dessus de ce point du terrain , la planchette
ayant à très peu près le sens qu'elle doit avoir et étant
placée horizontalement, on applique l'alidade le long
de la ligne séparant les stations 1 à 2 , de manière à
viser la station 1 depuis la station 2 ; si on ne voit pas
le signal de la station 1 , on tourne un peu la planchette
à droite ou à gauche jusqu'à ce qu'on l'aperçoive avec
l'alidade. Quand l'objet est bien saisi cela dénote que la
planchette est en rapport avec le terrain. On continue
l'opération en visant le signal de la troisième station ,
en tirant une ligne sur le papier, mesurant cette ligne
sur le terrain et en portant sa longueur sur le papier ,
ainsi qu'on l'a fait pour la ligne d'1 à 2. On continue
de la même manière pour toutes les autres stations du
périmètre, jusqu'à ce qu'on se retrouve au point de
départ.

On relève à droite et à gauche des lignes, les objets
qui doivent figurer sur le plan , ainsi que les limites du
périmètre si on s'en écarte quelquefois.

Cette méthode qui consiste à marcher sur le périmètre même du terrain à lever , s'appelle *méthode par
cheminement*.

Il faut remarquer que pour peu que le plan soit
étendu , on se referme difficilement parce que si quelques lignes sont courtes entre les stations, on n'a
guère de chance de pouvoir replacer l'instrument dans
une position en rapport avec le terrain.

Si dans le cours de la marche, on aperçoit la première station , ou bien une autre quelconque, on place

la Planchette en station à l'aide de l'un de ces points au lieu de se servir du dernier, afin que s'appuyant sur un plus grand rayon, l'instrument soit mis plus sûrement dans la position qu'il doit occuper.

Afin que la Planchette ait toujours le même orientement, on place sur cet instrument, un autre petit instrument que l'on nomme *Déclinatoire*, lequel se compose d'une aiguille aimantée placée sur un pivot, et ayant en regard de ses deux pointes deux arcs de cercle comprenant chacun quelques degrés. Le Déclinatoire étant placé sur la Planchette, et ses aiguilles marquant zéro, on trace une ligne sur le papier contre le cadre de l'instrument, afin de pouvoir le replacer quand il a été dérangé.

Quand on se sert d'un déclinatoire, on est dispensé de retourner l'alidade dans le sens de la dernière à la précédente station, pour placer la planchette dans la position qui lui est propre.

Cette manière de faire un plan en se servant d'un déclinatoire, est absolument la même qu'à la boussole : au lieu de noter les angles de déclinaison des lignes, on rapporte de suite, avec l'alidade, ces déclinaisons sur le papier ; et au lieu de noter la longueur de chaque ligne, on la rapporte sur le plan, de sorte que quand les opérations du terrain sont terminées, le plan est fini.

Quand on opère sur un terrain découvert, on mesure une base AB (fig. 42 bis) que l'on choisit dans la position la plus favorable pour bien apercevoir tous les sommets du périmètre à lever, à partir de ses extrémités.

La base étant mesurée et figurant sur la planchette, on se met en station à l'une de ses extrémités ; on met en rapport la base tracée sur le papier avec la base du terrain, en appliquant l'alidade le long de cette ligne, et tournant la planchette à droite ou à gauche, de manière à apercevoir l'autre extrémité de la base. Cette opération terminée, on dirige des rayons visuels sur tous les angles du périmètre où l'on a disposé des jalons ; on trace ces rayons sur la planchette en se servant de l'alidade en guise de règle. On se transporte ensuite à l'autre extrémité de la base où l'on met l'instrument en station comme on l'a fait à l'autre bout ; puis on dirige de nouveau des rayons sur tous les mêmes points du périmètre, lesquels recoupent les premiers, et déterminent ainsi la position de chaque point.

S'il se trouve des points qui ne puissent être aperçus que d'une extrémité de la base, et par conséquent qui ne puissent être recoupés, on mesure à la chaîne les rayons non recoupés, afin d'avoir la position de ces points. Il en est de même des rayons qui se trouvent recoupés sous des angles trop aigus, tel que *B c*.

Cette dernière méthode que l'on nomme par *intersection*, se combine souvent avec la méthode du cheminement.

Ainsi on voit que l'arpentage à la planchette est une des méthodes les plus faciles. Elle donne ordinairement de bons résultats.

Mais les inconvénients suivants la font rejeter du plus grand nombre des Géomètres : en premier lieu,

l'embarras de la machine elle-même pour la transporter quelquefois à de fortes distances; ensuite un brouil-
lard, un temps humide ou la pluie, dilatent le papier,
et si l'opération continue dans cet état, le papier qui se
rétrécira plus tard, soit par un coup de soleil, soit au
cabinet, mettra les parties du plan en désaccord entre elles. Il faut pour que l'opération soit bonne, qu'elle
ait lieu par un temps sec.

66. Arpentage rattaché à la Triangulation.

Quand c'est une forêt ou un étang dont on fait le
plan, comme les points trigonométriques ne se trouvent pas toujours sur les limites du périmètre à lever,
on prolonge les lignes $A B$, $A C$, en d et en e (fig. 43)
et les lignes $B d$, $C e$ mesurées exactement donnent
des points sur lesquels peuvent s'appuyer les opérations de l'arpentage.

Quand on opère à découvert, on jalonne les trois
côtés des triangles trigonométriques, ainsi qu'on l'a
fait pour le triangle $A B C$ (fig. 43). A partir de l'un
des côtés, de $A B$, par exemple, on tire une série de
lignes droites allant aboutir sur l'un des deux autres
côtés; on recoupe cette série de lignes par d'autres
droites partant de l'un des deux autres côtés, comme
on le voit à la figure susdite.

Cette opération terminée, on mesure exactement les

trois côtés du triangle, en prenant note des distances auxquelles on rencontre les lignes transversales. Ce mesurage doit coïncider avec les longueurs données par la triangulation ; et si l'on n'a que des différences très-légères, on les répartit entre toutes les diagonales, à moins qu'on ne pense devoir faire supporter ces différences sur des parties plutôt que sur des autres, par exemple sur les endroits les plus difficiles au mesurage, car c'est ordinairement où se commettent les erreurs.

Les lignes transversales n'ont pas besoin d'être parallèles, non plus qu'à égales distances les unes des autres ; on les dirige où il est le plus facile de les établir, ou bien du côté où elles sont le plus utiles au levé des détails.

Ces lignes doivent être rigoureusement droites, autrement on serait conduit à placer les détails avoisinant des lignes courbes autre part que dans la place qu'ils doivent occuper.

Les détails se lèvent comme on le voit à la figure 43, pour la rivière qui contourne dans le triangle *A B C*, en mesurant à la chaîne les parties de lignes que l'on a tirées en traits pleins. Il ne faut pas confondre les carrés et placer dans l'un, des détails qui appartiendraient à un autre.

Il n'y a point de règles pour la distance que les lignes doivent avoir entre elles, on les espace suivant que les détails le réclament. Si les lignes sont loin les unes des autres et que certaines parties du terrain soient remplies de petits détails, on double ou bien on triple les lignes, seulement pour ces parties-là, ainsi que l'indique la figure susdite, entre la ligne $A\,C$ et la rivière.

NIVELLEMENT.

CHAPITRE VIII.

NIVELLEMENT.

67. Du Nivellement.

Ayant acquis la connaissance du levé des plans et du calcul des surfaces, il reste à pouvoir rendre compte des diverses formes du terrain : un plan levé horizontalement n'en fait connaître que la superficie telle qu'on a adopté de la mesurer; il faut, pour que ce plan soit complet, que les hauteurs, les montagnes, les collines et les ravins y soient figurés dans leurs dimensions; il faut qu'un point quelconque du plan puisse être comparé à un tel autre point, et dire qu'il est plus élevé ou plus bas que celui-ci, d'une telle quantité.

La surface moyenne des eaux de la mer est prise pour plan de comparaison, pour établir la différence de hauteur des divers points du globe terreste. En effet, la surface des eaux de la mer étant partout à une égale distance du centre de la terre, il est plus facile de comparer la différence de hauteur des divers points des contrées que d'avoir un autre plan de comparaison.

Toutes les mesures géodésiques sont rapportées à ce niveau, et par conséquent les pays très-élevés, ont réellement plus de superficie que ne l'indiquent les cartes géographiques. Mais hâtons-nous de le dire, ces différences sont très-légères, puisque le rayon de la terre ayant environ 6366600 mètres, ce n'est pas une longueur de quelques centaines de mètres de plus qui influeront beaucoup sur l'étendue des arcs.

Quant à nous, ne voulant nous occuper que des nivellements de petite étendue, nous laisserons de côté les principes qui traitent des grands levés topographiques.

68. Du niveau d'eau.

L'instrument le plus répandu pour les opérations ordinaires du nivellement, est le niveau d'eau : il est assez connu pour être dispensé d'en donner la description. On fera cependant remarquer que les deux fioles en verre doivent être de diamètres parfaitement égaux : sans cela la plus grosse fiole ferait paraître l'eau plus élevée qu'à la petite, à cause de la capillarité qui est d'autant plus grande que la surface de l'eau renfermée dans un vase est plus étendue.

Les niveaux à bulle d'air n'ayant rien de particulier dans leur emploi, nous nous dispenserons d'en parler.

69. Nivellement : ce que sont les coups d'arrière et les coups d'avant.

Etant placé en *A* avec le niveau (fig. 44), on appelle *coup-d'arrière*, la visée donnée sur le point *a*, et *coup-d'avant* celle donnée sur le point *c*. On a obtenu la hauteur *a b* pour le coup d'arrière, et la hauteur *c d* pour le coup d'avant. Si la hauteur *a b* était nulle, si elle était égale à zéro, le point *c* serait incontestablement de la hauteur *c d* au-dessous du point *a* ; mais comme ce dernier point est au-dessous de *b* niveau de l'instrument, d'une quantité *a b*, on devra retrancher de la hauteur *c d*, la hauteur *a b* pour avoir la différence de niveau entre le point *a* et le point *c*. Cette différence aura l'expression : la cote du point $c = c\,d - a\,b$.

Pour continuer l'opération on reporte l'instrument en *B*, et il vient *c e* pour le coup d'arrière, et *f g* pour celui d'avant : et si on raisonne comme ci-dessus on aura *f g* — *c e* pour différence de niveau entre le point *c* et le point *f*. La différence de niveau entre les points *a* et *f* sera $c\,d - a\,b + f\,g - c\,e$.

Le niveau étant mis en *C*, on aura la cote d'arrière *f h* et celle d'avant *i j* ; et la différence de hauteur des deux points *f* et *i* sera *i j* — *f h*. Ce dernier résultat sera négatif puisque *i j* est plus faible que *f h* : ce qui signifie que le point i au lieu d'être au-dessous du point f d'une certaine hauteur, se trouve au-dessus de ce point d'une quantité égale au résultat négatif.

Il vient pour la différence de niveau entre a et i : $cd - ab + fg - ce + ij - fh$, ou bien $(cd + fg + ij) - (ab + ce + fh)$.

Si le résultat est positif, c'est que le dernier point est au-dessous du premier ; s'il est négatif, il est au-dessus.

Si le point dont on veut prendre la cote est au-dessus du niveau de l'instrument, comme les points m et o, on est obligé de renverser la mire et de mettre son pied à la hauteur de ces points : on obtient alors des valeurs mk, on, ayant leur hauteur dans le sens inverse des points qui sont au-dessous de l'instrument.]

Il est évident que si le nivellement part du point m, au lieu de retrancher mk qui est le coup d'arrière, de cd qui est le coup d'avant, on devra l'ajouter, et on aura pour différence de niveau entre les points m et c, une hauteur de $cd + mk$.

Mais si le point qui est plus élevé que le niveau est un coup d'avant tel que on, on comprendra facilement que la valeur qui le représentera devra être retranchée au lieu d'être ajoutée pour avoir la différence de niveau : ainsi la différence de hauteur entre a et o, le nivellement partant de a, sera : $-(ab + on)$. Ce résultat est entièrement négatif et veut dire que le point o au lieu d'être au-dessous du point a, est au-dessus de ce point d'une quantité ab augmentée de no.

On dit que la mire est droite quand son pied est sur

le sol et que le niveau de l'instrument passe au-dessus de ce pied ; la mire est renversée quand elle a son pied en l'air et que le niveau passe au-dessous.

On tire les règles suivantes de ce qui vient d'être dit :

Les coups d'arrière sont toujours *négatifs* quand la mire est droite.

Les coups d'arrière sont toujours *positifs* quand la mire est renversée.

Les coups d'avant sont toujours *positifs* quand la mire est droite.

Les coups d'avant sont toujours *négatifs* quand la mire est renversée.

70. Applications des nivellements.

Soient les différentes cotes des points a, b, c, d, e (fig. 45) à établir : nous commencerons l'opération à partir du point a, parce que c'est le plus élevé. On pourrait indifféremment partir du point e ; mais on préfère toujours partir du point le plus élevé.

On placera l'instrument en A qui est la moitié environ de la distance $a\,b$; on observera la cote d'arrière présentée en a, et ensuite celle d'avant que donne b (bien entendu qu'on n'aura pas dérangé l'Instrument pendant ces deux observations : on se borne à le tourner dans la direction des points à viser ; mais on ne dérange pas le trépied, car autrement la visée pourrait se trouver plus haut ou plus bas sur le coup d'avant que sur le coup d'arrière, et l'opération serait fautive.) On transporte ensuite l'instrument à environ moitié de $b\,c$, au point B, et sans que la mire ait été dérangée du point b, on observe à ce point la cote d'arrière, puis ensuite celle d'avant au point c. On répète le même genre d'opération jusqu'à la fin du nivellement.

Si les points à niveler sont rapprochés, on prend plusieurs cotes sans changer de station : tous ces points seront alors considérés comme coups d'avant, et auront pour coup d'arrière qui sera commun entre eux, le coup donné sur le dernier point de la précédente station.

Ayant admis la cote ou le point a (fig. 45) pour lieu de départ, et le niveau étant placé en A, on observe la cote d'arrière $a = -0$ m. 60, ensuite on place la mire en b où l'on observe la cote d'avant $+1$ m. 62; ayant reporté le niveau au point B, on observe la cote d'arrière $b = -0$ m. 84, et la cote d'avant $c = +2$ m. 03 ; se transportant ensuite en C, on obtient la cote d'arrière sur $c = -0$ m. 50, le point intermédiaire $d = +1$ m. 10, et la cote $e = +1$ m. 90.

Effectuant les calculs, on a, en faisant passer le plan de repère ou de comparaison au point a :

La cote a . . . . $= 0$ m. 00
La cote $b = 1$ m. 62 $- 0,60$ . . . . $= 1 \quad 02$
La cote $c = 1 \quad 02 + 2,03 - 0,84 \quad = 2 \quad 21$
La cote $d = 2 \quad 21 + 1,10 - 0,50 \quad = 2 \quad 81$

Et la cote $e = 2$ m. $21 + 1,90 - 0,50 \quad = 3$ m. 61

On aurait directement la cote e, en faisant la somme des cotes d'avant $1,62 + 2,03 + 1,90$ ci $\quad 5,55$ dont on retrancherait la somme des cotes d'arrière $0,60 + 0,84 + 0,50\ldots\ldots\ldots = \quad 1,94$

$\qquad\qquad$ Cote du point $e\ldots\ldots\ldots \quad 3,61$

Soit encore (fig. 46) le nivellement des points a, b, c, c', d, d' et e, a faire en partant du point a : après avoir placé le niveau en A, on obtient la visée d'arrière sur $a = - 0,34$ et la visée d'avant sur $b = + 2,25$, ce qui donne (en faisant le point $a = 0,00$) $2,25 - 0,34 = \ldots\ldots\ldots\ldots\ldots\ldots\ldots\ldots\ldots\ldots 1,91$ pour b.

Reportant le niveau en B, on a le coup d'arrière sur $b = - 1,10$ et la visée sur le point intermédiaire $c = + 0,80$, d'où $1,91 + 0,80 - 1,10 = \ldots\ldots\ldots\ldots\ldots 1,61$ pour c.

On demande aussi la cote du point B, elle se trouve à la station même; on a la cote du point $b = 1,91$ à laquelle on ajoute la hauteur comprise entre le terrain et le dessus de l'eau du niveau $= 0,90$, ce qui donne $2,81$ dont on retranche le coup d'arrière donné sur $b = - 1,10$, reste$\ldots\ldots\ldots\ldots\ldots\ldots\ldots\ldots\ldots 1,71$ pour B.

La cote du point c' n'est pas nécessaire, elle sert seulement à pouvoir atteindre aux stations plus éloignées la mire étant trop courte : on a la cote du point $B = 1,71 +$ le coup d'avant sur $c = 2,80 - 0,90 = \ldots\ldots\ldots\ldots\ldots\ldots\ldots\ldots 3,61$ pour c'.

On place ensuite le niveau en C, d'où l'on observe la visée d'arrière sur $c' =$ — 2,45 et la visée sur le point intermédiaire $d = +$ 3,36, ce qui donne pour la cote de d, la valeur de la cote $c' =$ 3,61 plus la visée sur $d =$ 3,36, en tout 6,97 dont on ôte la visée d'arrière sur $c' =$ — 2,45 = ... 4,52 pour d.

Passant à la détermination de la cote de d' laquelle ne sert qu'à pouvoir continuer l'opération, on a $c' =$ 3,61, plus le coup d'avant sur $d' =$ 0,20, ce qui donne 3,81 dont on ôte le coup d'arrière sur le point $c' =$ — 2,45, reste . . . . 1,36 pour d'.

Reportant le niveau en D, on a la visée d'arrière sur $d' =$ — 3,80 et le coup d'avant sur $e +$ 0,40. Pour obtenir la cote de e, on ajoute la cote de d' au coup d'avant $+$ 0,40, en tout 1,76 dont il faut ôter le coup d'arrière sur $d' =$ — 3,80 : il reste pour valeur de la cote du point e, une valeur négative $=$ . . .— 2,04 pour e.

Comme les cotes négatives ne sont pas commodes quand elles doivent être comparées aux cotes positives, on portera la cote e à zéro, et on ajoutera 2 m. 04 à chacune des autres cotes qui deviendront :

$a =$	2 m. 04		$c' =$	5 m. 65
$b =$	5	95	$d =$	6	56
$c =$	5	65	$d' =$	5	40
$B =$	5	75	$e =$	0	00

Pour éviter d'avoir des cotes négatives, les Géomètres ont imaginé de donner à la première cote qui est ici a, une valeur de 10 mètres ; mais si le nivellement devait être très-étendu et traverser des hauteurs, cette valeur serait quelquefois trop faible : on pourrait alors affecter à cette première cote, une hauteur de 100 mètres.

En affectant à a une valeur de 10 mètres, le nivellement ci-haut serait devenu :

$$a = \dots\dots\dots\dots\dots\dots\dots \quad 10\ \text{m.} \quad »$$
$$b = 10 + 2,25 - 0,34 \dots\dots\dots \quad 11 \quad 91$$
$$c = 11,91 + 0,80 - 1,10 \dots\dots \quad 11 \quad 61$$
$$B = 11,91 + 0,90 - 1,10 \dots\dots \quad 11 \quad 71$$
$$c' = 11,91 + 2,80 - 1,10 \dots\dots \quad 13 \quad 61$$
$$d = 13,61 + 3,36 - 2,45 \dots\dots \quad 14 \quad 52$$
$$d' = 13,61 + 0,20 - 2,45 \dots\dots \quad 11 \quad 36$$
$$e = 11,36 + 0,40 - 3,80 \dots\dots \quad 7 \quad 96$$

On voit que c'est le point e le plus élevé puisque c'est celui qui a la plus faible cote ; et pour avoir plus de facilité à comparer entre elles les diverses cotes du nivellement, on peut ôter à chacune d'elles la quantité affectée à la plus élevée qui est ici 7,96.

On mesure souvent les distances horizontales entre les stations, ce qui n'est pas nécessaire pour avoir les cotes du nivellement, mais ce qui peut être utile par d'autres considérations.

On appelle plan de *repère* ou de *comparaison*, le plan horizontal passant au-dessus du nivellement ou par l'un de ses points. Dans le dernier problème, ce plan passe en premier lieu par le point a et ensuite par la cote e. Toutes les autres cotes sont rapportées à ce plan. Quand on ajoute 10 ou 100 mètres à la première cote, cela dénote que le plan de comparaison passe à 10 ou 100 mètres au-dessus de ce point, et toutes les autres cotes du nivellement sont projetées sur ce plan.

On peut avoir à établir des nivellements qui ne suivent pas seulement une même ligne, mais qui s'étendent à droite et à gauche, et se prolongent au loin quelquefois. On procède comme plus haut : le calcul est toujours le même. Il faut apporter beaucoup d'attention en opérant et prendre garde de ne pas confondre les cotes. On place l'instrument au centre du plus grand nombre de points possible, et sans le déranger on prend la cote de tous les points qui sont à des distances raisonnables. Quand on ne distingue plus parfaitement l'intersection des bandes noire et blanche de la mire, et que la visée n'est plus bien nette, c'est que la mire est trop éloignée. Il faut alors laisser ces points pour une autre station. On établit des points de repère pour passer d'une station à une autre; ces points sont établis par plusieurs visées, en procédant ainsi : on prend la cote de ce point, on fait ensuite déranger le voyant de la mire, puis après on le fait monter ou descendre jusqu'à ce qu'il atteigne la visée; on répète ce dérangement plusieurs fois, et si on a des cotes différent d'un ou de deux centimètres, on en prend la moyenne. Si dans les diverses visées sur un même point, on obtenait une forte différence, il y aurait erreur sur le coup de niveau donnant ce résultat, ou bien dans la lecture faite sur la mire.

Prenons une série de cotes (fig. 47) d'1 à 37 par exemple, nous stationnerons en *A* qui est à peu près le centre des points 1 à 12. (Les points de station auront le signe $\triangle$, les points de repère $\odot$, et les autres points seront désignés par $\bigcirc$.) Après avoir fait passer le plan de repère à 10 mètres au-dessus du Nº 1, nous considérons ce point comme le coup d'arrière de tous les autres, et nous retrancherons sa cote 2 m. 30 de toutes les autres cotes prises de la station *A*. Ainsi nous aurons dans la première colonne le Nº ou la désignation des cotes, dans la seconde la valeur de la cote Nº 1 (ici augmentée de 10 mètres), dans la troisième colonne la valeur des coups de niveau donnés sur chaque point, dans la quatrième les coups d'arrière à retrancher, et dans la cinquième et dernière colonne, le résultat du nivellement.

$$1 = \ldots\ldots\ldots\ldots\ldots\ldots\ldots = 10\,\text{m. »}$$
$$2 = 10 + 2{,}10 - 2{,}30 \ldots = 9 \quad 79$$
$$3 = 10 + 3{,}10 - 2{,}30 \ldots = 10 \quad 80$$
$$4 = 10 + 3{,}06 - 2{,}30 \ldots = 10 \quad 76$$
$$5 = 10 + 3{,}22 - 2{,}30 \ldots = 10 \quad 92$$
$$6 = 10 + 3{,}15 - 2{,}30 \ldots = 10 \quad 85$$
$$7 = 10 + 2{,}80 - 2{,}30 \ldots = 10 \quad 50$$
$$A = 10 + 1{,}55 - 2{,}30 \ldots = 9 \quad 25$$
$$8 = 10 + 3{,}20 - 2{,}30 \ldots = 10 \quad 90$$
$$9 = 10 + 3{,}32 - 2{,}30 \ldots = 11 \quad 02 \text{ repère}$$
$$10 = 10 + 3{,}30 - 2{,}30 \ldots = 11 \quad 00$$
$$11 = 10 + 3{,}02 - 2{,}30 \ldots = 10 \quad 72$$
$$12 = 10 + 3{,}00 - 2{,}30 \ldots = 10 \quad 70 \text{ repère}$$

On reporte ensuite l'instrument à la station *B*, centre de plusieurs autres cotes à prendre. On vise premièrement le point de repère N° 12 établi de la station *A*, et on obtient une cote de 1 m. 42 qui devra être retranchée de chacune des cotes qui seront prises de la station *B*. Cette cote est le coup d'arrière de toutes les autres : elle doit être prise par plusieurs visées comme on l'a fait de la station *A* pour établir le point de repère.

Afin d'atténuer le léger dérangement que pourrait subir l'instrument pendant que l'on prend les diverses cotes de cette station, on doit, après avoir visé le point de repère N° 12, viser le point ou les points de repère qui doivent servir à passer aux stations plus éloignées.

On fera attention que pour lier les cotes de la station *B* à celles de la station *A*, il faut ajouter à toutes ces premières la cote du point de repère N° 12 qui est 10,70. Ainsi nous aurons :

$$
\begin{aligned}
N° 13 &= 10,70 + 1,30 - 1,42 = 10\text{m}.\ 58 \\
14 &= 10,70 + 1,10 - 1,42 = 10\quad 58 \\
15 &= 10,70 + 1,25 - 1,42 = 10\quad 55 \\
16 &= 10,70 + 0,90 - 1,42 = 10\quad 18 \\
17 &= 10,70 + 1,62 - 1,42 = 10\quad 90 \\
B &= 10,70 + 1,40 - 1,42 = 10\quad 68 \\
18 &= 10,70 + 1,70 - 1,42 = 10\quad 98 \\
19 &= 10,70 + 1,92 - 1,42 = 11\quad 20 \\
20 &= 10,70 + 1,88 - 1,42 = 11\quad 16 \\
21 &= 10,70 + 2,30 - 1,42 = 11\quad 58 \\
22 &= 10,70 + 2,20 - 1,42 = 11\quad 48 \\
23 &= 10,70 + 2,42 - 1,42 = 11\quad 70 \\
24 &= 10,70 + 1,70 - 1,42 = 10\quad 98 \\
25 &= 10,70 + 2,48 - 1,42 = 11\quad 76\ \text{repère}
\end{aligned}
$$

Passons ensuite à la station *C*. Nous avons deux points de repère, l'un pris de *A* qui est le N° 9, l'autre pris de *B* qui est le N° 25. Visant la cote du N° 25 on trouve 1 m. 00 qui sera considéré cote d'arrière et déduit de toutes les cotes prises de *C*, auxquelles on ajoutera à chacune 11 m. 76 qui est la valeur de la cote N° 25. Voulant nous assurer que notre opération continue sous de bonnes conditions, nous visons le repère N° 9, et nous trouvons 0 m. 26 que nous ajoutons à 11 m. 76, somme 12 m. 02, dont nous ôtons la cote d'arrière prise sur le repère N° 25 = 1 m. 00, il nous reste 11 m. 02 qui est la cote du N° 9. Ce résultat nous assure du parfait accord de notre travail. Nous aurons :

$$N° 26 = 11,76 + 1,00 - 1,00 = 11 \text{ m.} 76$$
$$C = 11,76 + 1,50 - 1,00 = 12 \quad 26$$
$$27 = 11,76 + 1,42 - 1,00 = 12 \quad 18$$
$$28 = 11,76 + 1,70 - 1,00 = 12 \quad 46$$
$$29 = 11,76 - 3,40 - 1,00 = 7 \quad 36 \text{ haut du mur}$$
$$30 = 11,76 + 2,00 - 1,00 = 12 \quad 76$$
$$31 = 11,76 + 1,55 - 1,00 = 12 \quad 31$$
$$32 = 11,76 + 1,80 - 1,00 = 12 \quad 56$$
$$33 = 11,76 + 1,70 - 1,00 = 12 \quad 46$$
$$34 = 11,76 + 1,15 - 1,00 = 11 \quad 91$$
$$35 = 11,76 + 1,30 - 1,00 = 12 \quad 06$$
$$36 = 11,76 + 1,40 - 1,00 = 12 \quad 16$$
$$37 = 11,76 + 1,22 - 1,00 = 11 \quad 98$$

Au N° 29 on a retranché la cote 3,40 au lieu de l'ajouter, car c'est le dessus d'un mur dont on a pris la cote en renversant la mire et mettant son pied au niveau du dessus de ce mur ; et comme nous l'avons dit, toutes les fois que la mire est renversée le signe $+$ se change en signe $-$ et celui-ci se change en signe $+$.

Le nivellement étant terminé, on pourra si on le désire, faire passer le plan de comparaison par le point le plus élevé du nivellement; ce point se trouve être la station A (abstraction faite du N° 29 qui est le dessus d'un mur dont on n'a placé la cote sur le tableau que par fantaisie). Le point A étant au dessous du plan de comparaison de 9 m. 25, on retranchera cette quantité de toutes les cotes du nivellement, et on obtiendra :

N°1 = 0m.75	N°10 = 1, 75	N°19 = 1, 95	N°28 = 3, 21
2 = 0, 54	11 = 1, 47	20 = 1, 91	29 = 1, 89
3 = 1, 55	12 = 1, 45	21 = 2, 33	30 = 3, 51
4 = 1, 54	13 = 1, 33	22 = 2, 23	31 = 3, 06
5 = 1, 67	14 = 1, 13	23 = 2, 45	32 = 3, 51
6 = 1, 60	15 = 1, 28	24 = 1, 73	33 = 3, 21
7 = 1, 25	16 = 0, 93	25 = 2, 51	34 = 2, 66
A = 0, 00	17 = 1, 65	26 = 2, 51	35 = 2, 81
8 = 1, 65	B = 1, 43	C = 3, 01	36 = 2, 91
9 = 1, 77	18 = 1, 73	27 = 2, 95	37 = 2, 73

Si le nivellement a été fait dans le but de rendre un terrain parfaitement horizontal, on considère par quel point on doit faire passer le plan de niveau ; par exemple, en voulant faire passer ce plan par le N° 1, on aurait à retrancher 0,75 de toutes les autres cotes, et le reste exprimerait le remblai à faire à chaque cote du nivellement. Mais on aurait à déblayer aux points qui ont des cotes moindres que 0,75 : on déblayerait de 0,21 au N° 2, et de 0,75 au point A.

Si le nivellement avait été fait dans le but d'établir

des pentes régulières, tel qu'on le fait pour l'arrosement des prairies, on aurait encore à calculer le remblai ou le déblai à faire pour chaque cote. Pour simplifier les calculs que l'on a à faire, on dispose avant le nivellement, les cotes à prendre, sur des lignes droites partant du sommet du terrain pour se diriger dans le sens de la pente à établir ; on établit d'autres lignes perpendiculaires aux premières et les cotes peuvent être notées aux intersections de ces lignes. On mesure ensuite la distance entre chaque cote, puis on procède au nivellement. Quand cette dernière opération est faite, on décide par quels points doit passer le plan de pente. Nous fere 3 passer le haut bout du plan par les points 2 et 16 et le bas par le point 34 ; on tient à ce que 16 soit au niveau de 2 pour le passage de ce plan. On aura donc à remblayer à ce point N° 16, de la profondeur de 0 m. 59. La ligne horizontale joignant les cotes 2 et 16 est distante du point 34, de 210 mètres. Le point 34 est plus abaissé que cette ligne de la quantité de 2 m. 52. Si l'on veut ensuite trouver par exemple, la situation du point de station B qui est distant de 45 mètres de la ligne du dessus, nous aurons la proportion $210 : 45 :: 2,52 : x$, d'où $x = 0. 54$ plus bas que la cote du N° 2 ; et comme ce point se trouve lui-même côté à 1 m. 43, c'est-à-dire à 0 m. 89 au dessous du N° 2, on aura 0 m. 55 à remblayer à ce point, afin qu'il se trouve dans le plan de la pente demandée.

Si les cotes ne sont pas alignées comme on vient de le dire, on est obligé de mesurer à partir de chacune d'elles, les distances à la ligne du dessus ou du bas du plan de pente, afin de pouvoir déterminer la profondeur du remblai ou du déblai à faire.

Celui qui porte la mire doit la maintenir dans un sens bien vertical lorsqu'on opère ; car si elle était penchée elle donnerait des cotes trop fortes.

71. Vérification des nivellements.

Quand on a parcouru une grande série de cotes, rien ne prouve que l'opération est régulière et qu'il n'y a pas d'erreurs ; on fait alors la vérification de son travail, en recommençant l'opération à rebours, c'est-à-dire qu'on part des derniers points pour arriver à celui par lequel on a commencé. On doit retrouver la même différence de hauteur, ou au moins à quelques centimètres près. Mais pour abréger ce dernier travail, on passe par le chemin le plus court, sans s'embarrasser de prendre telle ou telle autre cote ; on allonge même un peu les stations s'il est possible, sans pourtant se mettre hors de portée pour bien distinguer.

72. Du niveau vrai et du niveau apparent.

Nous n'avons pas parlé de la différence du niveau vrai au niveau apparent, parce que les nivellements dont il est ici question, ne portant que sur des visées de médiocre longueur, on ne peut y avoir égard. Cependant nous allons indiquer la marche à suivre pour corriger cette différence lorsqu'il y a lieu.

La ligne $A\,T$ (fig. 25) représente le niveau apparent, et la ligne courbe $A\,M$ le niveau vrai. Le niveau apparent est une ligne droite tangente à la surface du globe au point où se trouve l'observateur : plus cette ligne est longue plus elle s'écarte du centre de la terre. Le niveau vrai est partout à une égale distance de ce centre.

Ainsi le niveau apparent est au dessus du niveau vrai, pour un arc $A\,M$, d'une quantité $M\,T$ égale à la différence qui existe entre le rayon et la sécante $C\,T$.

Si l'on fait $A\,M = 10000$ mètres $M\,T$ sera de 6 m. 597. Ainsi le niveau apparent est au-dessus du niveau vrai d'une quantité de 6 m. 597, à une distance d'un myriamètre. De plus le niveau apparent est au-dessus du niveau vrai dans la proportion du carré des distances. Il nous sera donc facile de trouver la différence des deux niveaux, à une distance quelconque pour 100 mètres, on a $10000^{''} : 100^{'} : : 6,597 : x$. Pour rendre la proportion plus facile, on ôte deux zéros à chacun des deux premiers membres de la proportion et il vient $100^{''} : 1^{'} : : 6,597 : x$, et élevant les deux premiers membres au carré, on a $10000 : 1 : : 6,597 : x$, d'où $x = 0,0006597$. Pour avoir la différence du niveau vrai au niveau apparent à une distance de 5000 mètres on dirait $10,000^{''} : 5000^{''} : : 6,597 : x$, ôtant 3 zéros à chacun des deux premiers membres on a $10^{''} : 5^{''} : : 6,597 : x$; et élevant au carré les deux premiers membres on a $100 : 25 : : 6,597 : x$, d'où $x = 1,64925$.

Les logarithmes sont plus expéditifs quand les nombres ne sont pas ronds.

Voici le tableau de la différence du niveau vrai au niveau apparent de 100 en 100 mètres jusqu'à 1000 mètres. Le niveau apparent est au-dessus du niveau vrai

à 100 mètres de   0,004
200   0,005
300   0,006
400   0,011
500   0,016
600   0,024
700   0,032
800   0,042
900   0,053
1000   0,066

Ainsi on voit qu'il est parfaitement inutile de se préoccuper de la différence du niveau vrai au niveau apparent dans des nivellements ordinaires.

73. Nivellements par courbes horizontales.

Cette désignation de courbes horizontales fait déjà entrevoir la nature de ces lignes. La limite des eaux d'un étang est une courbe horizontale.

Les Géomètres ont reconnu que les cotes inscrites sur les plans étaient insuffisantes pour bien faire voir la forme du terrain ; qu'au reste, une grande quantité de numéros désignant la hauteur de chaque point, apportait une confusion sur le plan : c'est pourquoi on a imaginé une série de lignes contournant horizontalement autour des montagnes et des vallées , pour en reproduire la forme.

Pour bien faire comprendre ce que sont les courbes horizontales, supposons une contrée submergée par les eaux , de telle sorte que le sommet de la montagne la plus élevée de ce pays , soit à fleur de la surface des eaux ; supposons ensuite que les eaux soient diminuées d'une épaisseur de un mètre , le point le plus élevé du terrain ou la montagne , laissera apercevoir son sommet seulement en une partie limitée par les eaux : cette limite est la première courbe horizontale. Les eaux descendant encore d'une même épaisseur de un mètre , dessineront autour de la montagne , une seconde ligne qui sera la seconde courbe. Et si l'on suppose le retrait successif des eaux , toujours par couches de un mètre d'épaisseur, on remarquera que les courbes successives se développeront davantage autour de la montagne , en s'allongeant ou se rétrécissant, suivant que cette montagne aura des enfoncements ou des protubérances. Mais bientôt d'autres points moins élevés sortiront de la surface des eaux , et décriront à leur tour, d'autres courbes horizontales toujours en rapport avec les premières , parce que les couches ont toutes une même épaisseur. Les courbes finiront par atteindre les endroits les plus profonds , et le nivellement de ce pays se trouvera ainsi fait.

On se figure aisément que les endroits les plus rapides du sol , rapprocheront sur le plan , les courbes horizontales, de telle sorte que sur le bord des rochers à pic , elles se confondront. Quand les pentes deviendront douces, les courbes s'éloigneront les unes des autres, pour se rapprocher ensuite quand le terrain deviendra plus incliné.

On ne prend pas toujours un mètre pour l'équidistance des courbes entre elles, on prend quelquefois deux, cinq ou dix mètres : on choisit l'équidistance qui paraît nécessaire pour remplir le but que l'on se propose. On conçoit facilement que plus les courbes sont rapprochées, plus les formes du terrain sont relevées exactement.

Ces explications données, passons à la manière de déterminer les courbes et de les transcrire sur le papier. On peut employer diverses méthodes pour relever ces lignes sur le terrain : nous expliquerons successivement chacune de ces méthodes.

Dans tous les cas, on doit, pour plus de facilité, partir du point le plus élevé du terrain.

74. Établissement des courbes, en les suivant elles-mêmes.

Si l'on veut suivre les courbes elles-mêmes, à partir du sommet on descend jusqu'à ce qu'on aie une différence de niveau égale à l'équidistance que l'on veut donner aux courbes ; plantant un jalon ou un piquet à cette place, on fait le tour du sommet, en suivant une ligne horizontale, jusqu'à ce qu'on soit revenu au

point de départ où l'on doit se fermer, c'est-à-dire retrouver le même niveau. Si l'on opère avec le niveau
d'eau, il faudra avoir soin de mettre des jalons à toutes
les courbures, afin de pouvoir relever ces lignes par
l'arpentage et les placer sur le plan. Si l'opération se
fait avec une boussole à lunette munie d'un niveau à
bulle d'air, on relève en même temps la direction des
lignes. On fait la même opération pour chaque courbe.

De quel instrument que l'on se serve, voici la
marche à suivre quand on établit les courbes par cheminement : Le point de départ de la courbe étant fixé,
on y fait placer la mire, puis on se transporte avec le
niveau, à une certaine distance d'où l'on vise la mire
dont on fait hausser ou baisser le voyant jusqu'à la
hauteur du rayon horizontal ; on transporte ensuite la
mire dont on a fixé le voyant pour qu'il ne se dérange
pas pendant le trajet, en avant et plus loin que le niveau qui n'a pas bougé de place, puis celui qui porte la
mire la fait monter ou descendre le terrain, dans le sens
de la pente jusqu'à ce que le voyant se trouve dans le
rayon visuel du niveau. On transporte ensuite celui-ci
au-delà de la mire qui ne bouge pas de place, puis on
vise celle-ci dont on fait monter ou descendre le voyant
jusqu'à la hauteur du niveau, après quoi on transporte
la mire plus loin que le niveau, et comme la première
fois, on la fait monter ou descendre jusqu'à ce que le
voyant se trouve dans le rayon horizontal. On opère
de la sorte jusqu'à ce que la courbe soit toute parcourue. Nous ferons observer que quand le niveau est
en station, on peut quelquefois sans le déranger, obtenir deux ou plusieurs points de la courbe.

Quand les courbes partent d'un point et qu'elles peuvent revenir à ce même point, en faisant le tour de la montagne, on reconnaît leur exactitude quand elles se referment. Mais quand les courbes sont limitées et qu'elles ne peuvent revenir au point de départ, on doit chercher un autre moyen de les vérifier. Dans ce cas les courbes partent de l'une des deux limites, et arrivées à leur extrémité, elles sont vérifiées de la même manière qu'on a employée pour établir leur origine.

75. Établissement des courbes en descendant les pentes.

Pour descendre une pente et coter tous les points où les courbes doivent passer, on part du sommet, et on stationne un peu au-dessous ; la mire étant placée sur le point le plus élevé, on donne un coup dit d'arrière sur ce point, et ayant obtenu une certaine cote, 0 m. 30 par exemple, on ajoute cette hauteur à l'équidistance qui doit séparer chaque courbe; si on a adopté l'équidistance de un mètre, on arrêtera la mire à 1 m. 30, puis on fait descendre celle-ci jusqu'à ce qu'on aperçoive l'intersection des bandes noire et blanche, et ce point désigne le passage de la première courbe. Si la mire est assez longue on la mettra à 2 m. 30, et sans déranger le niveau, on la fera descendre jusqu'à ce que la visée l'atteigne au point voulu, et cet endroit marquera le passage de la seconde courbe. Reportant ensuite l'instrument au-dessous de cette seconde courbe (au-dessous

de la première s'il n'y en a encore qu'une d'établie),
on donne un coup d'arrière sur celle-ci, et on obtient
une certaine cote qui doit être ajoutée comme ci haut,
à l'équidistance des courbes pour déterminer la troisième et la quatrième s'il y a lieu. On opère de la sorte
jusqu'à la fin de la ligne qui doit être relevée par l'arpentage, afin de la mettre à sa place sur le plan.

On peut déterminer de la sorte le passage des courbes,
en descendant successivement toutes les parties de la
montagne qui forment des plis, en suivant les arêtes et
les profondeurs. Les points qui sont déterminés de la
sorte sont rejoints pour former des courbes auxquelles
on donne, à vue des lieux, la forme qui leur convient
entre les points déterminés.

La méthode de suivre le niveau des courbes est
impraticable dans les forêts, mais celle que nous venons
d'expliquer peut s'employer très-facilement, en ce
qu'on peut toujours placer la mire un peu à droite ou à
gauche des brins qui gênent.

Quoi qu'il en soit, ces méthodes sont longues et
prennent bien du temps sur les lieux. Nous allons en
conséquence exposer une marche plus expéditive en se
servant de l'Eclimètre dont nous avons déjà parlé au
N° 10.

76. Détermination des courbes horizontales au moyen de l'Eclimètre.

On peut partir indifféremment du sommet ou du bas
de la montagne, mais les calculs doivent être faits en

partant du sommet le plus élevé. On suit les formes du terrain, en montant ou en descendant suivant des lignes parcourant les arêtes, les bombements ou les enfoncements du sol ; on prend l'inclinaison ou le degré de pente d'une station à une autre, et ces dernières ne doivent être séparées les unes des autres que par des lignes de même pente ; et comme l'éclimètre est ordinairement adapté à une boussole, on prend en même temps la déclinaison des lignes qui seront mesurées horizontalement ou suivant les pentes.

Nous joignons à la fin de ce traité une petite table donnant la distance d'une courbe à une autre pour toutes les pentes, de quinze en quinze minutes, jusqu'à 60 degrés. Cette table suppose l'équidistance des plans horizontaux fixée à dix mètres ; mais si l'on désire avoir une équidistance de 5 mètres on en prendra moitié, comme on en prendrait le dixième pour une équidistance de un mètre, etc.

Si l'on désire prendre les angles de 5 en 5 ou même de minute en minute, il faudra calculer le nombre de courbes comprises dans chaque ligne puisque ce tableau ne comprend les pentes que de 15 en 15 minutes.

Afin que l'on comprenne la manière de recueillir les notes sur le terrain, de se servir de la table que nous venons d'indiquer, et de calculer les distances horizontales des courbes entre elles afin d'obtenir celles qui ne seraient pas comprises dans la table, nous allons expliquer le petit plan Fig. 48, dressé sur l'échelle de 1 à 5000, et dont l'équidistance des courbes est fixée à 10 mètres.

Sur les notes du calepin on met les indications suivantes : ⟨——⟩ signifie que le terrain est horizontal.

——⟩ On met cette flèche au-dessus des degrés de pente ; sa pointe est tournée dans le sens de la pente.

p précédé d'un nombre de degrés et minutes veut dire *pente*.

✕ précédé d'un nombre de degrés de pente, indique que le nombre qui suit est la longueur de cette pente.

-|- veut dire qu'on change de pente mais que la ligne de déclinaison est toujours la même.

Nous transportant sur le sommet *A* et partant du centre de ce sommet, nous mesurons 7 mètres qui se trouvent de niveau, en nous dirigeant sur le point *B*. A partir de là, nous avons une pente de 50°15′ sur une longueur horizontale de 54 m. 50 ; ensuite la pente du terrain est de 50°50′ sur une ligne horizontale de 52,95 ; la ligne qui vient après donne 20°15′ de pente sur une longueur de 54 m. 20 ; et enfin la dernière ligne est inclinée de 15°45′ sur une longueur de 165 m. 50.

Voici comment on peut prendre les notes sur le calepin (on peut remplacer les lettres *A*, *B* etc. par des chiffres indiquant les stations, ou plutôt le changement de direction des lignes).

$$\overset{\longleftarrow\longrightarrow}{0°00′}\,p \times 7,\text{ »}\ \text{-|-}\ \overset{\longrightarrow}{30°15′}\,p \times 54,50\ \text{-|-}\ \overset{\longrightarrow}{50°50′}\,p \times$$
$$A\ \text{o}\underline{\hspace{4cm}}$$
$$\underline{\hspace{3cm}}\longrightarrow\ \text{mettre ici la déclinaison}$$
$$52,95\ \text{-|-}\ \overset{\longrightarrow}{20°15′}\,p \times 54,20\ \text{-|-}\ \overset{\longrightarrow}{15°45′}\,p \times 165,50.$$
$$\underline{\hspace{5cm}}\text{o}\ B.$$

de la ligne *A B*.

Comme on a eu soin de prendre l'angle de déclinaison de la ligne *A B*, avec la boussole, on rapporte cette ligne sur le plan, puis on y trace l'intersection des courbes comme suit : 7 mètres de niveau ; 50°15' p. sur 34 m. 30 donnent 2 courbes ; 50°30' p sur 32 m. 95 donnent 4 courbes ; 20°15' p sur 54 m. 20 donnent 2 courbes ; et 13°45' p sur 163 m. 50 donnent 4 courbes.

Après avoir marqué sur le plan, le passage des courbes de cette ligne, on numérote chaque passage afin de mieux les retrouver, puis on passe aux autres lignes *A C*, *A D* etc.

Traçons encore la ligne *A G H J* :

$$A \quad \overrightarrow{0°00'}\,p \times 12,\text{»} + \overrightarrow{21°30'}\,p \times 50,80 + \overrightarrow{55°30'}\,p \times$$

$$\text{déclinaison de}$$

$$14,\text{»} + \overrightarrow{29°00'}\,p \times 18,00 + \overrightarrow{8°00'}\,p \times 50,00 \quad o\ G$$

la boussole.

$$G \quad \overleftrightarrow{0°00'}\,p \times 23,00 + \overleftarrow{26°30'}\,p \times 65,00 + \overleftrightarrow{0°00'}\,p \times$$

$$10,00 \quad o\ H \quad \overleftrightarrow{0°00'}\,p \times 10,00 + \overrightarrow{55°00'}\,p \times 24,80 +$$

$$\overrightarrow{41°00'}\,p \times 23,00 + \overrightarrow{20°30'}\,p \times 80,25 + \overrightarrow{12°45'}\,p \times$$

$$88,80. \quad o\ J.$$

En partant de *A* on a 12 mètres en plaine ; ensuite une pente de 21°30' sur 50 m. 80 ce qui donne 2

courbes ; 55 ° 30' de pente sur 14 donnent 1 courbe ;
29 ° » de pente sur 18 m. donnent 1 courbe ; 8 ° » de
pente sur 50 mètres pour arriver en *G*, ne donnent pas
une courbe, mais une profondeur de 7 m. 03, au lieu
de 10 mètres d'équidistance, ce qui se trouve par la
proportion : $71,15 : 50 :: 10 : x$, d'où $x = 7,03$ (8 °
de pente donnent 71 m. 15 de distance horizontale
d'une courbe à une autre). Ensuite on repart du point
G avec 25 mètres en plaine ; 26 ° 50 ' pente sur 65
mètres que l'on reconnaît aller en montant, ce qui
fait qu'au lieu de chercher quelle distance il faudrait
pour compléter la courbe ci haut, on cherchera quelle
est la longueur qu'il faut parcourir sur une pente de
26 ° 30' pour revenir au niveau de la dernière courbe :
or les courbes sont éloignées horizontalement les unes
des autres de 20 m. 06 sur cette inclinaison ; donc
nous aurons $10 : 7,03 :: 20,06 : x$, et $x = 14,10$,
distance nécessaire pour atteindre le niveau de la 4ᵉ
courbe, à partir des 23 mètres de niveau. Comme cette
ligne avait 65 mètres, il nous reste 50 m. 90 ce qui
donne 2 courbes et un reste 10,90 qui donnent en hauteur 5 m. 45 ($20,06 : 10,90 :: 10 : x, x = 5,45$). Nous
avons ensuite 10 mètres en plaine pour arriver au
point *H*.

Repartant de ce dernier point, nous avons 10 mètres
en plaine, après quoi il nous arrive une pente de 55 °
sur 24 m. 80 : nous nous rappelons qu'il faut que nous
descendions de 5 m. 45 pour retrouver le niveau de la
dernière courbe que nous avons laissée en montant ;
après calcul fait ($10 : 5, 45 :: 7 : x$), nous trouvons

qu'il nous faut une longueur horizontale de 3 m. 80 ;
la ligne étant de 24 m. 80, il nous reste 21 mètres ce
qui nous donne 3 courbes. La ligne suivante est à 41 °
de pente sur 23 m. ce qui donne 2 courbes ; et enfin, il
vient une pente de 20 ° 30 ' sur 80,25 ce qui donne 3
courbes etc. :

Comme il est très-facile de tracer le passage de ces
courbes, nous ne nous étendrons pas davantage sur
cette matière ; nous donnerons seulement quelques
explications sur les dispositions à prendre sur le terrain.

L'eclimètre étant en station pour prendre la pente
d'une ligne, on a un jalon ou bien une petite mire que
l'on dispose à l'extrémité de la pente, à une égale hauteur verticale du sol que la lunette de l'instrument en
est elle-même éloignée. A chaque station, on remet le
jalon ou la mire à la hauteur de la lunette de l'instrument. Enfin chaque visée doit être parallèle à la ligne
de pente, autrement l'angle obtenu serait faux.

Si on n'y fait pas attention en mesurant les lignes,
on a presque toujours des fractions de courbes à
calculer ; quand l'opération ne peut en souffrir, on
mesure les lignes de manière à avoir des courbes entières.

Quand on possède un plan des lieux, que ce plan est
rempli de détails, tels que chemins, ruisseaux, lignes
de faîte, et ravins, on n'a presque plus rien à faire que
de prendre les diverses inclinaisons du terrain, puisqu'on peut avoir les distances sur le plan.

Lorsque les pentes sont douces, il faut avoir l'angle
bien précis pour ne pas commettre d'erreur sur la distance horizontale d'une courbe à une autre.

Si l'on a des courbes à calculer et que l'on n'ait point de tables, voici la manière de faire le calcul :

Quand on a pris les mesures horizontalement, on ajoute le log. du côté mesuré, au sinus de l'angle de pente, et on retranche le cos. du même angle; le reste sera le log. de la différence de niveau des deux extrémités de la ligne.

Quand on a pris les mesures suivant l'inclinaison du terrain, on ajoute le log. de la ligne mesurée au sinus de l'angle de pente et on retranche le rayon; le reste exprime le log. de la différence de niveau des deux extrémités de la ligne.

77. Rapport graphique des courbes horizontales.

Ce rapport se fait de la même manière qu'il est expliqué aux N°ˢ 26 et 27, en prenant les angles de pente au lieu des angles de déclinaison des lignes, et une ligne horizontale au lieu de méridienne. La figure 49 en montre un exemple pris de la ligne *A G H J*. En partant du point le plus élevé pour rapporter le profil d'une ligne servant à établir le passage des courbes, on remarque que cette ligne s'éloigne constamment du plan de repère, tandis qu'elle s'en rapproche quand on remonte.

La ligne *A B* est le plan de repère sur lequel sont projetées toutes les intersections des courbes afin de les rapporter ensuite sur le plan.

Une ligne dont le nivellement aurait été fait au moyen d'un niveau quelconque, peut-être rapportée, et les courbes recouperont son profil comme à la figure 49.

Quand on fait le rapport graphique d'une ligne, que les longueurs ont été prises horizontalement, on ajoute ensemble ces longueurs comme à l'exemple suivant, afin d'avoir une meilleure construction : prenons encore la ligne $A\ G\ H\ J$.

Au point A (fig. 50) on tire la verticale $A\ Z$; on porte ensuite, à partir de A, une longueur de 12 mètres sans inclinaison; au bout de cette longueur, il nous arrive une pente de 21 °30′ que nous traçons avec le bord extérieur du diamètre du rapporteur, comme l'indique la figure, où la ligne $A\ Z$ marque les 21 °30′; puis, pour mettre sur une ligne oblique $A\ R$, une mesure prise horizontalement, on ajoute 50 m. 80 qui est la longueur de la ligne à 12 mètres, ce qui donne 62,80 que l'on prend sur l'échelle, on pose ensuite l'une des pointes du compas sur la ligne $A\ R$, de telle sorte que l'autre pointe puisse décrire un arc de cercle tangent à la ligne $A\ Z$.

A partir de ce dernier point, nous tirons une troisième ligne inclinée de 35 °30′, et ajoutant sa longueur 14 m., aux 62,80 déjà obtenus, nous avons 76,80 que nous prenons sur l'échelle; et mettant comme précédemment une des pointes du compas sur cette dernière ligne, l'autre pointe doit pouvoir décrire un arc de cercle tangent à $A\ Z$.

Continuant l'opération en donnant aux lignes les

inclinaisons voulues , et toujours en additionnant leurs longueurs , nous obtenons au point J , une longueur de 469 m. 65. On voit que cette ligne est trop forte pour la prendre d'une seule ouverture de compas si la construction a lieu à une grande échelle ; aussi on mène de 100 m. en 100 m. des parallèles à $A\ Z$, et on se sert de ces dernières lignes pour continuer l'opération. Elles sont au surplus nécessaires pour tracer les pentes avec le rapporteur.

28. Des hachures.

Quand les courbes horizontales sont tracées sur le plan , on exécute les hachures : plus les courbes sont rapprochées, plus les hachures doivent être foncées et serrées les unes près des autres. Chaque hachure doit partir de la courbe supérieure et s'arrêter à la première courbe au-dessous ; elles doivent être écartées les unes des autres d'environ le cinquième de leur longueur. Le sens que doivent avoir les hachures , est la ligne que parcourrait une boule mise en liberté à partir de l'origine de chaque hachure.

Les routes , chemins ou rivières ne sont pas coupés par les hachures, on les laisse en blanc , pour leur donner les teintes qui leur conviennent.

79. Tableau donnant la distance des courbes entre elles pour les diverses pentes, en supposant l'équidistance de 10 mètres.

Dans le tableau suivant dressé pour donner les distances des courbes entre elles :

La colonne 1 indique les pentes ;

La colonne 2 donne la distance d'une courbe à une autre, lorsque les mesures ont été prises horizontalement sur le terrain ;

Et la colonne 3 indique aussi la distance d'une courbe à une autre, quand les mesures ont été prises suivant les pentes.

Ces dernières distances ne doivent pas être mises sur le plan horizontal, mais bien sur des lignes inclinées, soit sur le plan soit sur le terrain. Par exemple, on demande comment il faudra placer sur le plan horizontal, les courbes pour une ligne de 250 mètres mesurée suivant la pente qui est de 22 °? Nous voyons au tableau qui suit, que la colonne 3, à 22 °, indique 26,69 ; nous aurons donc autant de courbes équidistantes de 10 mètres, que ce dernier nombre est contenu de fois dans 250, ou bien 9 courbes et 10/27ᵉ environ.

Si la même ligne eût été mesurée horizontalement, au lieu de 250 mètres, on n'aurait obtenu que 231 m. 80, et le tableau nous donnant à la colonne 2, la distance horizontale de 24 m. 75 d'une courbe à une autre, nous obtenons 9 courbes et 9/25ᵉ environ.

1.	2.	3.	1.	2.	3.	1.	2.	3.
0° 15'	2292,0	2292,0	13° 00'	43,31	44,45	25° 45'	20,73	23,02
30	1146,0	1146,0	15	42,47	43,63	26 00	20,50	22,81
45	763,9	764,0	30	41,65	42,84	15	20,28	22,61
1 00	572,9	573,0	45	40,87	42,07	30	20,06	22,41
15	458,3	458,4	14 00	40,11	41,33	45	19,84	22,22
30	381,9	382,0	15	39,37	40,62	27 00	19,63	22,03
45	327,3	327,5	30	38,67	39,94	15	19,42	21,85
2 00	286,4	286,5	45	37,98	39,28	30	19,21	21,66
15	254,5	254,7	15 00	37,32	38,64	45	19,01	21,48
30	229,0	229,3	15	36,68	38,02	28 00	18,81	21,30
45	208,2	208,4	30	36,06	37,42	15	18,61	21,13
3 00	190,8	191,1	45	35,46	36,84	30	18,42	20,96
15	176,1	176,4	16 00	34,87	36,28	45	18,23	20,79
30	163,5	163,8	15	34,31	35,74	29 00	18,04	20,63
45	152,6	152,9	30	33,76	35,21	15	17,86	20,47
4 00	143,0	143,4	45	33,25	34,70	30	17,67	20,31
15	134,6	134,9	17 00	32,71	34,20	45	17,50	20,15
30	127,1	127,5	15	32,20	33,72	30 00	17,32	20,00
45	120,3	120,8	30	31,72	33,26	15	17,15	19,85
5 00	114,3	114,7	45	31,24	32,80	30	16,98	19,70
15	108,8	109,3	18 00	30,78	32,36	45	16,81	19,56
30	103,9	104,3	15	30,33	31,93	31 00	16,64	19,42
45	99,31	99,81	30	29,89	31,51	15	16,48	19,28
6 00	95,14	95,67	45	29,46	31,11	30	16,32	19,14
15	91,30	91,85	19 00	29,04	30,72	45	16,16	19,00
30	87,77	88,34	15	28,65	30,33	32 00	16,00	18,87
45	84,49	85,08	30	28,24	29,96	15	15,85	18,74
7 00	81,44	82,06	45	27,85	29,59	30	15,70	18,61
15	78,60	79,24	20 00	27,47	29,24	45	15,55	18,48
30	75,96	76,61	15	27,11	28,89	33 00	15,40	18,36
45	73,48	74,16	30	26,75	28,55	15	15,25	18,24
8 00	71,15	71,85	45	26,39	28,23	30	15,11	18,12
15	68,97	69,69	21 00	26,05	27,90	45	14,97	18,00
30	66,91	67,65	15	25,72	27,59	34 00	14,83	17,88
45	64,97	65,74	30	25,39	27,28	15	14,69	17,77
9 00	63,14	63,92	45	25,07	26,99	30	14,55	17,66
15	61,40	62,21	22 00	24,75	26,69	45	14,42	17,54
30	59,76	60,59	15	24,44	26,41	35 00	14,28	17,43
45	58,20	59,05	30	24,14	26,13	15	14,15	17,33
10 00	56,71	57,59	45	23,85	25,86	30	14,02	17,22
15	55,30	56,20	23 00	23,56	25,59	45	13,89	17,12
30	53,96	54,87	15	23,28	25,33	36 00	13,76	17,01
45	52,67	53,61	30	23,00	25,08	15	13,64	16,91
11 00	51,45	52,41	45	22,73	24,83	30	13,51	16,81
15	50,27	51,26	24 00	22,46	24,59	45	13,39	16,71
30	49,15	50,16	15	22,20	24,35	37 00	13,27	16,62
45	48,08	49,11	30	21,94	24,11	15	13,15	16,52
12 00	47,05	48,10	45	21,69	23,89	30	13,03	16,43
15	46,06	47,13	25 00	21,45	23,66	45	12,92	16,33
30	45,11	46,20	15	21,20	23,44	38 00	12,80	16,24
45	44,19	45,31	30	20,97	23,23	15	12,68	16,15

1.	2.	3.	1.	2.	3.	1.	2.	3.
38° 30'	12,57	16,06	45° 45'	9,742	13,96	53° 00	7,535	12,52
45	12,46	15,98	46 00	9,657	13,90	15	7,467	12,48
39 00	12,35	15,89	15	9,573	13,84	30	7,400	12,44
15	12,24	15,81	30	9,490	13,79	45	7,332	12,40
30	12,13	15,72	45	9,407	13,73	54 00	7,265	12,36
45	12,02	15,64	47 00	9,325	13,67	15	7,199	12,32
40 00	11,92	15,56	15	9,244	13,62	30	7,133	12,28
15	11,81	15,48	30	9,163	13,56	45	7,067	12,25
30	11,71	15,40	45	9,083	13,51	55 00	7,002	12,21
45	11,61	15,32	48 00	9,004	13,46	15	6,937	12,17
41 00	11,50	15,24	15	8,925	13,40	30	6,873	12,13
15	11,40	15,17	30	8,847	13,35	45	6,809	12,10
30	11,30	15,09	45	8,770	13,30	56 00	6,745	12,06
45	11,21	15,02	49 00	8,693	13,25	15	6,682	12,03
42 00	11,11	14,94	15	8,616	13,20	30	6,619	11,99
15	11,01	14,87	30	8,541	13,15	45	6,556	11,96
30	10,91	14,80	45	8,466	13,10	57 00	6,494	11,92
45	10,82	14,73	50 00	8,391	13,05	15	6,432	11,89
43 00	10,72	14,66	15	8,317	13,01	30	6,371	11,86
15	10,63	14,59	30	8,243	12,96	45	6,310	11,82
30	10,54	14,53	45	8,170	12,91	58 00	6,249	11,79
45	10,45	14,46	51 00	8,098	12,87	15	6,188	11,76
44 00	10,36	14,40	15	8,026	12,82	30	6,128	11,73
15	10,27	14,33	30	7,954	12,78	45	6,068	11,70
30	10,18	14,27	45	7,883	12,73	59 00	6,009	11,67
45	10,09	14,20	52 00	7,813	12,69	15	5,949	11,64
45 00	10,00	14,14	15	7,743	12,65	30	5,890	11,61
15	9,913	14,08	30	7,673	12,60	45	5,832	11,58
30	9,827	14,02	45	7,604	12,56	60 00	5,773	11,55

Nota. La marche que nous avons suivie dans les nivellements est à l'opposé de ce qu'elle devrait être, car c'est à partir de la surface des eaux de la mer que l'on compte les hauteurs, tandis que nous avons pris les plans de repère au niveau des points les plus élevés, et que nos mesures ont été prises en se rapprochant de cette surface. Cette manière de niveler nous a paru plus simple. Au reste on peut toujours convertir un nivellement fait de la sorte, en un autre remplissant les conditions voulues.

Si l'on tient à faire un nivellement dont les points les plus élevés aient des cotes plus fortes parce qu'ils s'éloignent davantage du centre de la terre, on changera tous les signes : c'est-à-dire qu'on mettra le signe $+$ à la place du signe $-$ et réciproquement. Ainsi les coups d'arrière seront positifs quand la mire sera droite, et négatifs quand elle sera renversée ; les coups d'avant seront négatifs quand la mire sera droite, et positifs quand elle sera renversée.

Le 4 décembre 1850 à 1 h. 45' après midi, on a constaté à l'obervatoire de Paris, une déclinaison occidentale de l'aiguille aimantée de 20 °, 30', 40''.

Le même observatoire a constaté le 16 novembre 1851 , à 1 h. 02' du soir, une déclinaison de 20 °, 25'.

FIN.

TABLE DES MATIÈRES.

CHAPITRE III.

CHAPITRE IV.

CHAPITRE V.

CHAPITRE VI.

DE LA TRIANGULATION.

CHAPITRE VII.

DE L'ARPENTAGE EN GÉNÉRAL.

FIN DE LA TABLE.

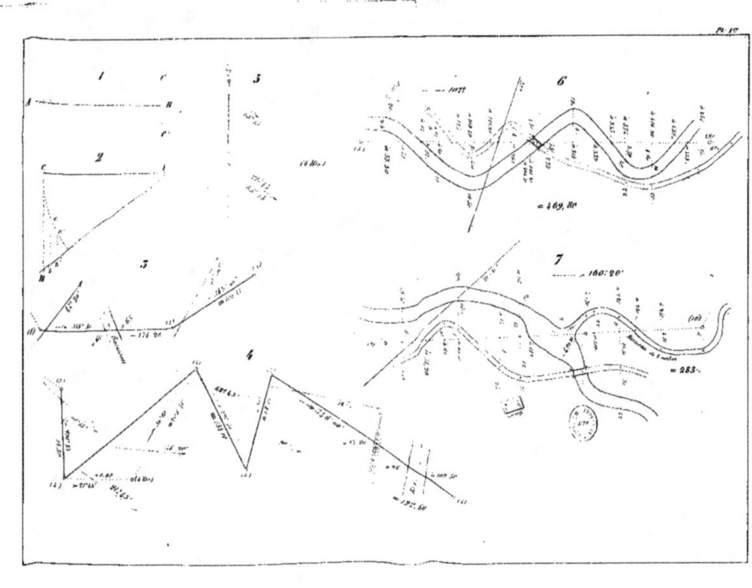

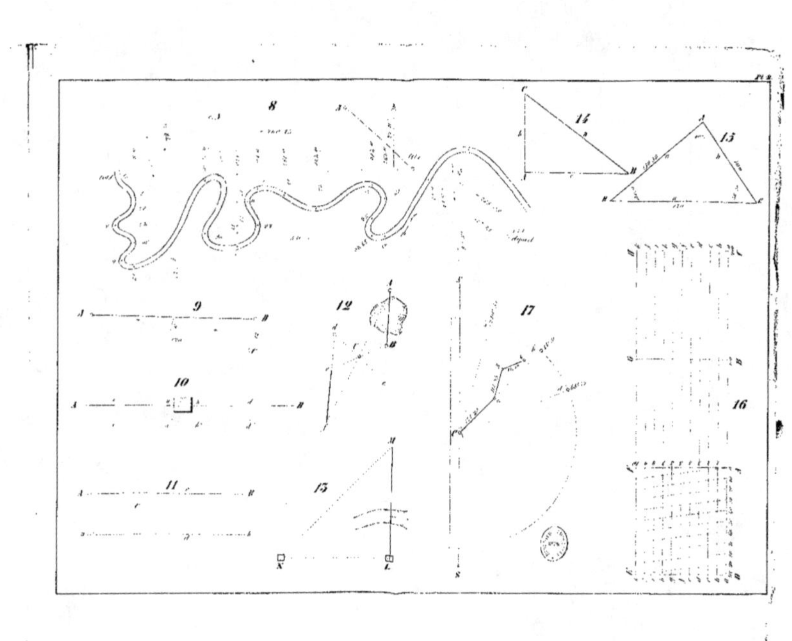

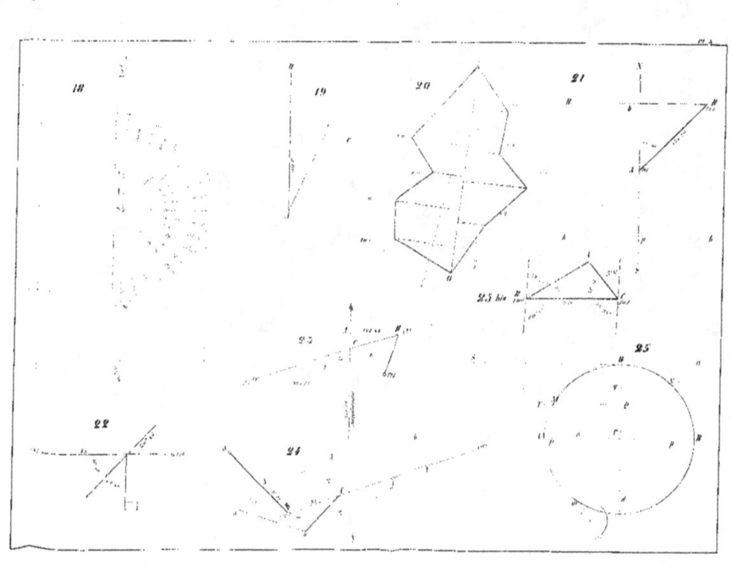

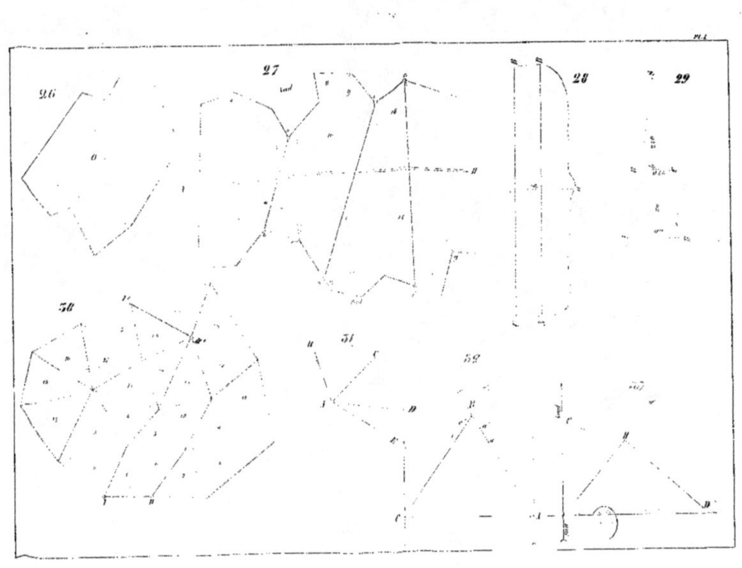
26
27
28
29
30
31
32

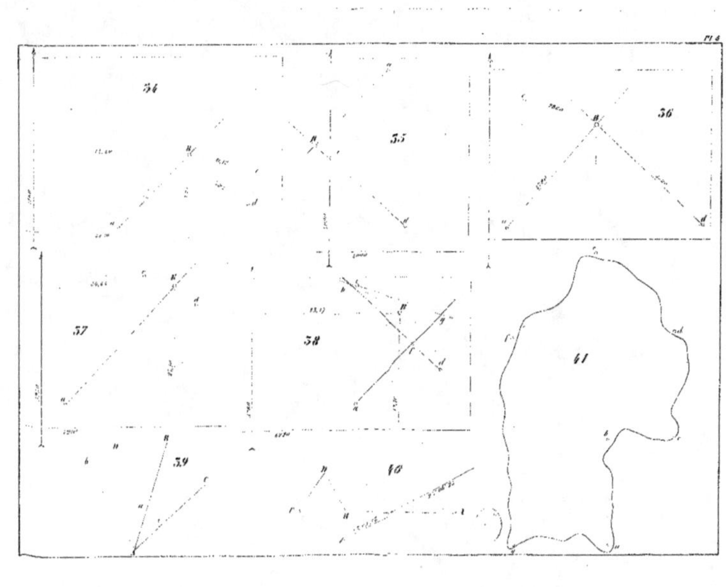
Pl. 4
34
35
36
37
38
41
39
40

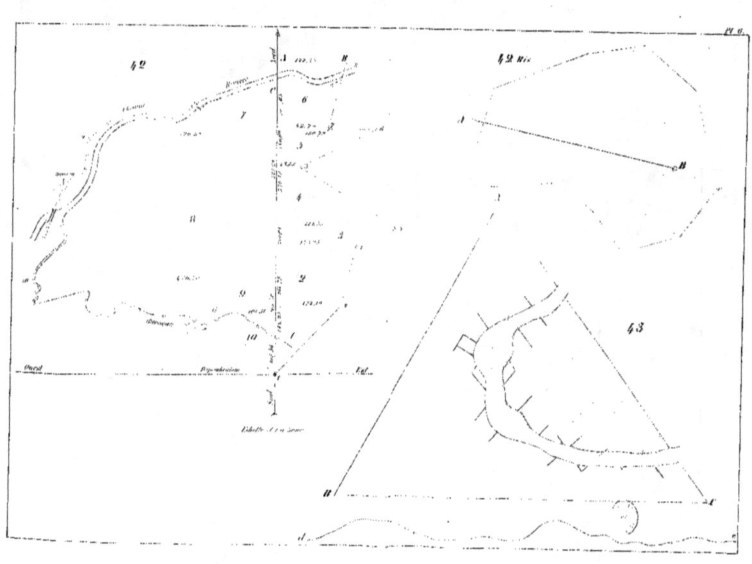
Pl. 6.
42
42 bis
43
Échelle
Ouest
Est

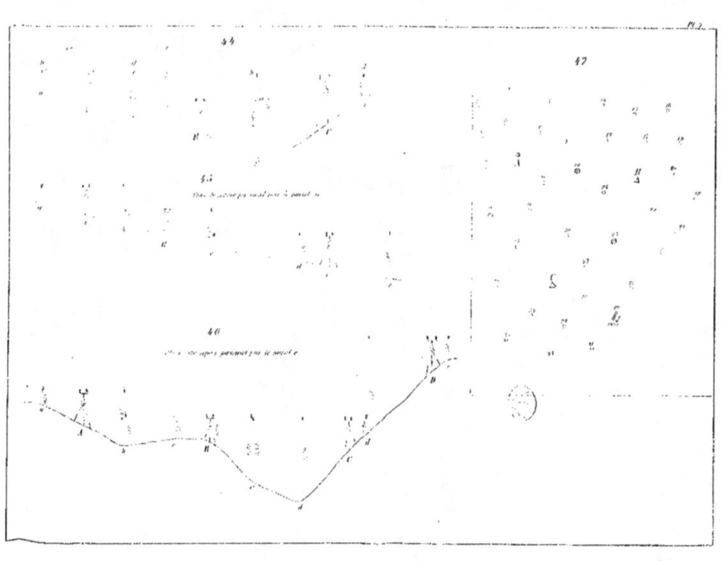

44
47
45
46

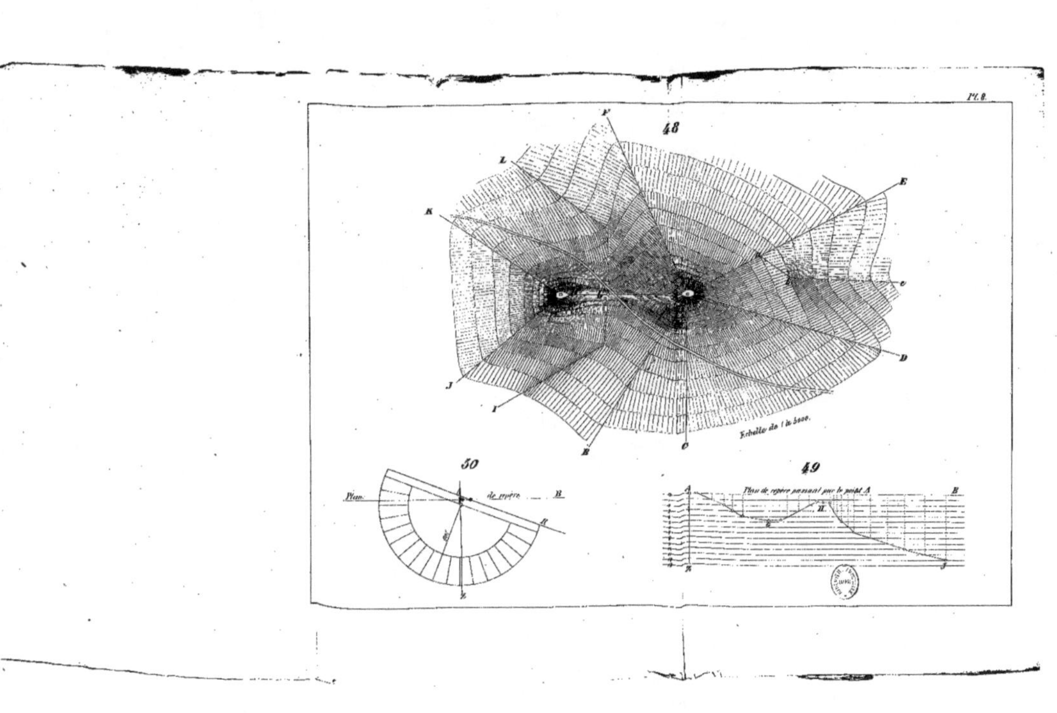
48
F
L
K
E
C
D
J
I
H
O
B
Echelle de 1 à 5000.
50
Plan   de repère   B
H
49
A   Plan de repère passant par le point A   B
H
K   J